高校入試数学

すごくわかりやすい

規則性の問題の徹底攻略

改訂新版

若杉朋哉　著

改訂新版に際して

2018年9月に初版『すごくわかりやすい　規則性の問題の徹底攻略』を出版して以来，おかげさまで多くの皆様にお読みいただき，初版が品切れ状態となりました。そこでこの度，増刷を機に，演習問題の追加と一部問題の訂正を行い，改訂新版として出版することにしました。

改訂新版『すごくわかりやすい　規則性の問題の徹底攻略』も，「規則性の問題」に悩めるみなさんのお役に立つことができれば幸いです。

2020年春

著者　**若杉朋哉**

初版　はじめに

本書は，高校入試問題で頻出の「規則性の問題」，つまり「数量の変化に何らかの規則を見出して解くタイプの問題」に特化した問題集です。近年の公立高校入試に出題された「規則性の問題」のみを集め，詳しく解説しています。

「規則性の問題」は毎年，多くの高校入試問題で扱われています。しかし，学校の教科書では，「方程式」や「一次関数」などのように，章立てて教えられているわけではありません。また，これまでの市販の学習参考書にも「規則性の問題」を大きく扱ったものはほとんどなく，たいていは「文字式」の章で少し扱われるか，巻末の方に「総合問題」として少し載っているという程度のものです。

要するに「規則性の問題」はこれまで，高校入試頻出問題にもかかわらず，勉強しようと思っても勉強する材料の少ない，なんとも対応しづらいタイプの問題でした。本書は，その現状を何とかできないだろうか，という想いから作られたものです。

本書『すごくわかりやすい　規則性の問題の徹底攻略』が，「規則性の問題」に取り組むみなさんの手助けになることを切に願っています。

2018年9月

著者　若杉朋哉

本書の効果的な使い方

まずは自力で問題を解いてみてください。「規則性の問題」では，数量の変化に何らかの規則を見い出すことが解答のポイントになりますが，いつもすぐに見つかるとは限りません。ひとつひとつ数を書き出してみるとか，図を描いてみるとか，いろいろと試行錯誤していくうちにわかることが多いものです。わからないからといってすぐに解答・解説を見てしまうと，そうした「粘り強く解く力」が身につきません。もちろん，わからないまま20分も30分も時間を空費することは避けるべきですが，一方で，「自分で何とかして解こう！」という勉強態度からしか得られないものもあることは心してください。

また，自力で解けなかった問題は解説をよく読んで理解してほしいのですが，解説を読んで「わかる」ことと，実際に入試などで「解ける」ことは全く別物です。解説を読んで終わりではなく，必ず後でもう一度，自力で解いてみてください。さらには，本書の解説には書いていない，自分なりの「別解」を考えてみることも非常に勉強になりますから，余裕のある人はチャレンジしてみるとよいと思います。

もくじ

（注）演習編で扱った公立高校入試問題について、問題の一部を変更・省略した問題には（改）と記しました。

第１章

基礎編

基礎編では「規則性の問題」を解くときによく使う考え方を学びます。
「規則性の問題」が「わかる」だけでなく，「できる」ようになるための第一歩として，まずはここに書いてある内容を，自分で自分に説明できるくらいまで，繰り返し勉強してみてください。第２章の「演習編」の問題が解けるかどうか，引いては実際の入試で「規則性の問題」が出たときに解けるかどうかは，この「基礎編」をどれだけ習熟したかにかかっています。

1　植木算

さて，これから「規則性の問題」の基礎編を始めます。まずは自分で，ノートなどに例題を解いてみてください。頭で考えているだけでなく，実際に手を動かして，ノートに計算や式，図を書きながら考えることが大切です。

最初は植木算と呼ばれるタイプの問題から。高校入試によく出る規則性の問題には，植木算の考え方を使ったものがとても多くあります。では，単純な問題からやってみましょう。

□〈例題 1〉

60 mの直線上に5 mおきに木を植えます。

(1) 両端にも植えるとすると，木は何本必要ですか。

(2) 両端に植えないことにすると，木は何本必要ですか。

---

(1) 5 mおきに木を植えるので，まずは $60 \div 5 = 12$ でいいのですが，この12というのは，なにを表しているかわかりますか。

60 ÷ 5というのは，60 mを5 m間隔に区切っていったということですね。

だから12というのは，5 mが12あるということ。

つまり，木と木の**「間の数」**ということですね。

すると，木の本数は何本でしょう。

例えば木を4本植えたとき，木と木の「間の数」は3。木の本数は「間の数」よりも1本多いということがわかります。

したがって，60 mの直線上に 5 mおきに植えたときの木の本数は，「間の数」である 12 より 1 多い数ですから，12 ＋ 1 ＝ 13（本）となります。

A．13 本

(2) 両端に植えないとすると，下の図のように，木と木の「間の数」が 3 のとき，木の本数はそれより 1 少ない 2 本ですね。

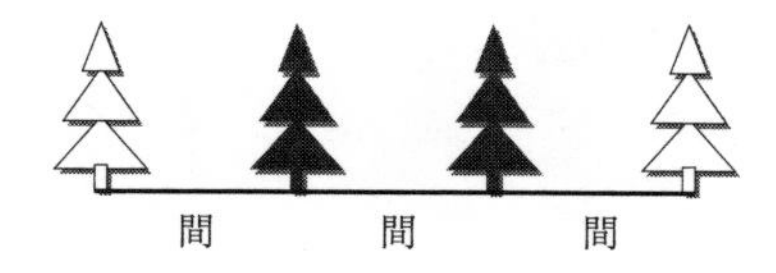

したがって，60 mの直線上に 5 mおきに植えたときの木の本数は，「間の数」である 12 より 1 少ない数ですから，12 － 1 ＝ 11（本）です。

A．11 本

□〈 例題 2 〉
周囲が 110 mある池の周りに 10 mおきに木を植えます。木は何本必要ですか。

図のように，周りに植えるとき，「間の数」と木の本数は等しくなりますね。
110 ÷ 10 ＝ 11（間の数）

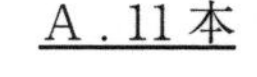
A．11 本

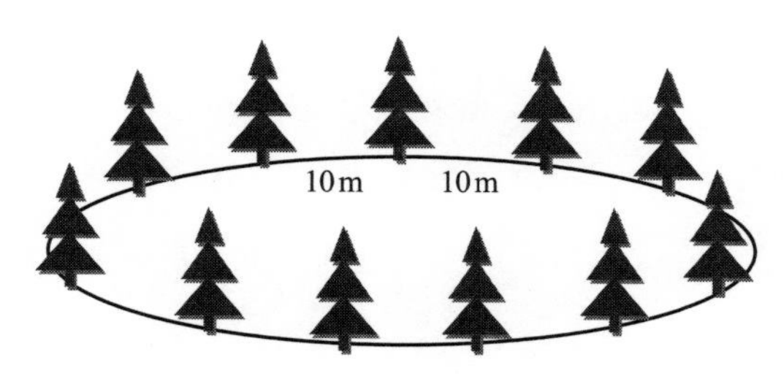

□〈例題 3〉

1 枚の長さが 10 cm の紙を，のりしろを 3 cm にしてつなぎ合わせます。
15 枚つないだときの全体の長さを求めなさい。

例えば図のように，紙を 3 枚つなぐと，のりしろは 2 ヶ所できますね。
するとこのときの全体の長さは？
$10 \times 3 - 3 \times 2 = 24$（cm）ですね。

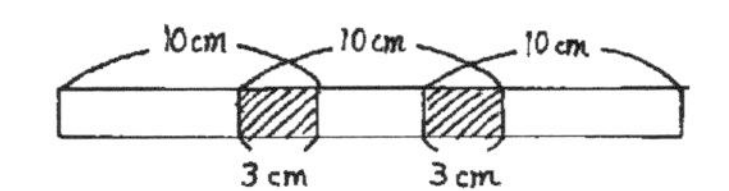

ところで，これが植木算だとわかりますか。
紙の枚数が木の本数，のりしろの数が「間の数」にあたるでしょう？

すると，15 枚つないだときの全体の長さもわかりますね。
のりしろの数は，紙の枚数よりも 1 少ないから，
$10 \times 15 - 3 \times 14 = 108$（cm）ですね。

A．108 cm

ここで植木算をまとめてみると，こんなふうになります。

① 両端に植えるとき・・・・・・・　木の本数＝「間の数」＋ 1
② 両端に植えないとき・・・・・・　木の本数＝「間の数」－ 1
③ 池などの周りに植えるとき・・・　木の本数＝「間の数」

高校入試の規則性の問題では，植木算の「間の数」という考え方をよく使います。「間の数」を使いこなせるかどうかは「規則性の問題」を解くときの最大のポイントの 1 つです。

2　等差数列

「等差数列」というと難しそうな名前ですが，要するに，同じ数ずつ増えていく（減っていく）数の並び（数列）のことです。規則性の問題で最もよく使う考え方ですから，よく身につけてください。

□〈例題4〉

2，8，14，20，26…と，ある一定のきまりにしたがって並ぶ数列があります。これについて次の問いに答えなさい。

（1）この数列の20番目の数を求めなさい。

（2）188は何番目の数か，求めなさい。

（3）1番目から10番目の数をすべて足した数を求めなさい。

（1）さて，この数列にはどんな決まりがありますか。

そう，6ずつ増えていますね。

例えば，2番目の数である8は，1番目の数の2に，6を1回足したものですから，

$2 + 6 \times 1 = 8$と表せます。

同じように，3番目の数である14は，2に6を2回足したものですから，

$2 + 6 \times 2 = 14$ですね。

すると…20番目の数は，2に6を何回足したものですか。

そう，19回ですね。

したがって，20番目の数は，$2 + 6 \times 19 = 116$と求められます。

ちなみに，この問題で6ずつ増える一定の数の増減を「公差」と呼んだりします。一般化すると，

等差数列の n 番目の数＝1番目の数＋公差 ×（$n-1$）

で表すことができます。（$n-1$）というのは「間の数」ですね。

一方，等差数列は「1次関数」としても捉えることができます。

「公差」とはつまり，1次関数の「変化の割合」ですね。

x 番目の数を y として，この問題を表にしてみましょう。

x	1	2	3	4	5
y	2	8	14	20	26

x が1増加するごとに y は6増加しますから，「変化の割合」は6。

$y=6x+b$ とおきます。

表より，例えば $x=1$ のとき $y=2$ ですから，これを代入して，

$2=6\times1+b,\quad b=-4$

$y=6x-4$ という関係式が得られます。

20番目の数を求めるのですから，この式に $x=20$ を代入すれば，

$y=6\times20-4=116$ となります。

実際の問題を解くときはやりやすい方を使えばいいでしょう。

ただ，両方とも理解はしておくといいですね。

A．116

(2) 1番目の数が2で，そこから6ずつ増えていって，いつか188になるわけですよね。すると，6を何回足したかを求めればいいですね。

1番目の数の2を引くと，$188-2=186$。$186\div6=31$

この「31」は，何を表しますか。

はい，6を31回足すという意味の，「間の数」ですね。

よって，188は何番目の数かというと，$31+1=32$（番目）。

1次関数の解き方でやると，$y = 6x - 4$ の $y = 188$ のときですから，
$188 = 6x - 4$,　$x = 32$ となります。

A．32番目

(3) 2 + 8 + 14 + 20 + …と，1つ1つ足していってもできないことはありませんが，かなりしんどいですね。これは，ちょっと工夫してみましょう。
まず，10番目の数を求めます。
$2 + 6 \times 9 = 56$　は，もう大丈夫ですか。9というのは「間の数」ですよ。
さて，1番目から10番目までの数を小さい順に足すのと，それを逆順に足す式を並べてみます。そして，この2つの式の上下を足してみると，58が10組できるのがわかりますか。

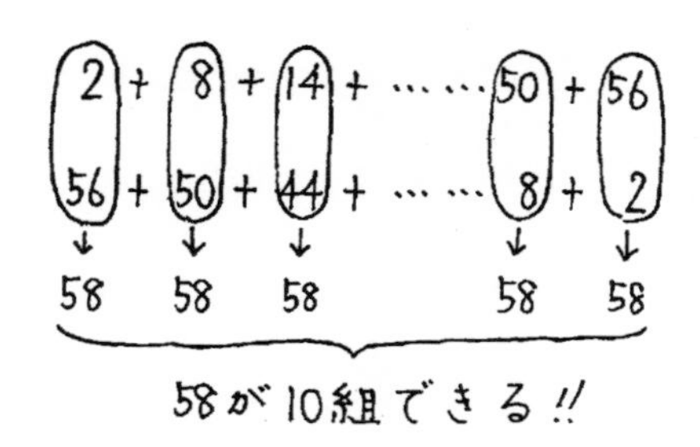

58が10組ですから，その合計は $58 \times 10 = 580$
ただ，これって，2 + 8 + 14 +…56の**2列分**ですよね。
だから，1列分を求めるには，$580 \div 2 = 290$
よって，1番目から10番目の数をすべて足した数は290となります。

A. 290

これも一般化しておきましょう。

等差数列の1番目から n 番目の和＝（1番目の数＋ n 番目の数）× $n \div 2$

これは図で考えてみると，こんなふうにも考えられます。

簡単なところで $2+4+6+8$ を考えてみると，これは図1のように，階段状に並べた黒マルの個数と考えられますね。

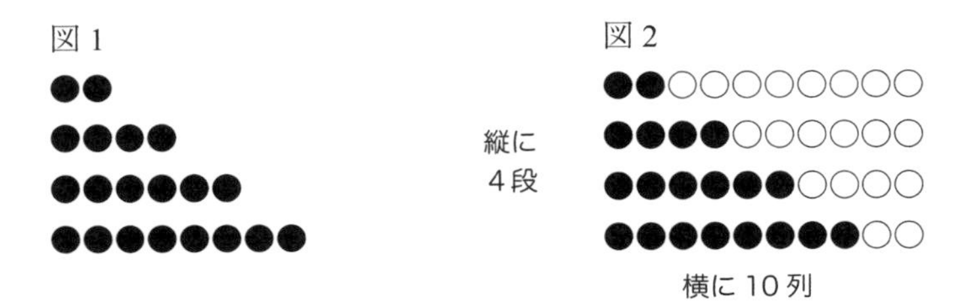

この階段状の黒マルと同じ個数の白マルを逆さまにして組み合わせると，10×4 の図形ができます（図2）。これが $2+4+6+8$ の2列分というわけ。したがって1列分の和はその半分ですから，$40 \div 2 = 20$ とも求められます。

3　三角数

□〈例題 5〉

黒い碁石を図のように並べるとき，次の問いに答えなさい。

1 段目　●

2 段目　●●

3 段目　●●●

（1）10 段目までに黒い碁石は全部で何個ありますか。

（2）19 段目の左から 10 番目までの黒い碁石の数を求めなさい。

（1）黒い碁石は，1 段目に 1 個，2 段目に 2 個，3 段目に 3 個…と並んでいます。
すると，10段目までに並ぶ黒い碁石の数は，1 から 10 までの数の和ですから，
$1 + 2 + 3 + 4 + 5 + 6 + 7 + 8 + 9 + 10 = 55$ となりますね。
…これって，どこかで見覚えがありませんか。
そう，**「等差数列の和」**ですね。

1，1 + 2，1 + 2 + 3 +…のように，自然数を 1 から順に足してできる数列を「三角数」といいます。
別の言い方をすると，三角数は「1 番目の数が 1 で，公差が 1 である等差数列の和」とも表せますね。一般化すると，以下のようになります。

n 番目の三角数＝ 1 から n までの自然数の和＝ $(1 + n) \times n \div 2$

三角数を図で表してみましょうか。
例えば，4 段目までの黒い碁石の数。これは図 1 のようにも表せますが，まず図 2 のように，階段状に見てみます。これ，等差数列のところでやった図と同じなのがわかりますか。

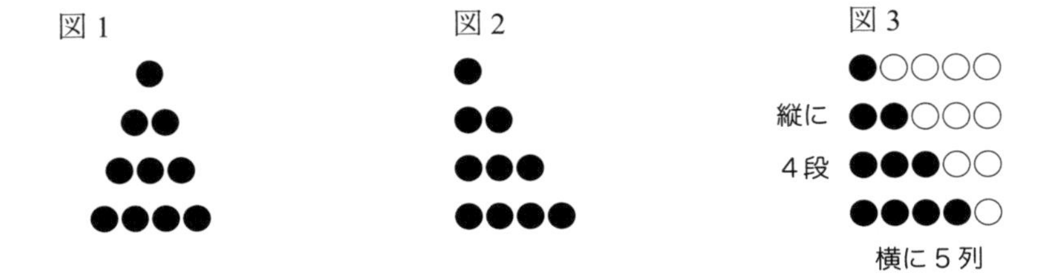

さらに，今度は同じ数の白い碁石を，図2の図形と逆になるように組み合わせたのが図3です。図3にあるすべての碁石は $5 \times 4 = 20$ 個ですが，これは，$1 + 2 + 3 + 4$ が2組あるわけですね。

よって黒い碁石は，その半分，$20 \div 2 = 10$ 個となるわけです。

先程の式（n 番目の三角数）でいえば，

4番目の三角数＝1から4までの自然数の和＝$(1 + 4) \times 4 \div 2 = 10$

となっていることがわかりますね。

したがって，10段目までの黒い碁石の数は

$(1 + 10) \times 10 \div 2 = 55$　と求めることができます。　<u>A. 55個</u>

(2) 19段目の左から10番目の数というのは，18段目の右端の数に10を足した数ですね。すると，18段目の右端の数は？

$1 + 2 + 3 + 4 + \cdots 18$ だから，$(1 + 18) \times 18 \div 2 = 19 \times 18 \div 2 = 171$

18段目の右端の数は171です。したがって，19段目の左から10番目までの黒い碁石の数は，$171 + 10 = 181$ ですね。　<u>A . 181</u>

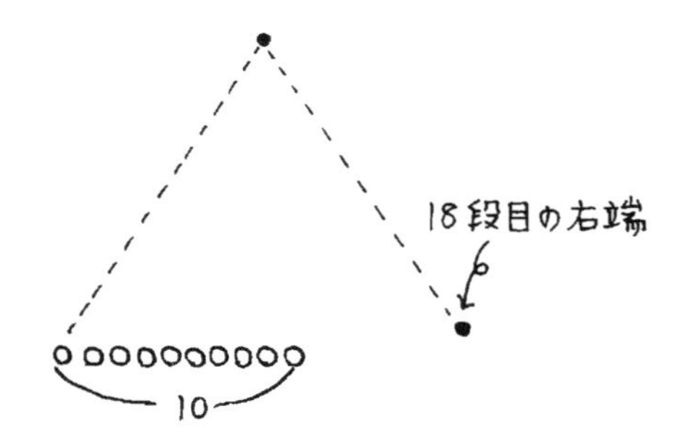

□〈例題６〉

$\frac{1}{2}$, $\frac{1}{3}$, $\frac{2}{3}$, $\frac{1}{4}$, $\frac{2}{4}$, $\frac{3}{4}$, $\frac{1}{5}$, $\frac{2}{5}$, $\frac{3}{5}$, $\frac{4}{5}$, $\frac{1}{6}$ …と，ある一定のきまりにしたがって並ぶ数列があります。60 番目の分数を求めなさい。

これのどこが三角数なのかって？
こんなふうに並び替えてみるとわかりますか？

$\frac{1}{2}$

$\frac{1}{3}$ $\frac{2}{3}$

$\frac{1}{4}$ $\frac{2}{4}$ $\frac{3}{4}$

$\frac{1}{5}$ $\frac{2}{5}$ $\frac{3}{5}$ $\frac{4}{5}$

$\frac{1}{6}$ …………

ね，三角数でしょ？
すると 60 番目の分数の手前の三角数は，$11 \times 10 \div 2 = 55$（上から 10 段目の右端の数）ですから，60 番目の分数は，上から 11 段目の左から 5 番目の数だとわかります。

11 段目の分数の分母は？

1 段目の分数の分母が 2，2 段目の分数の分母が 3 ですから，…12 ですね。

よって，$\frac{5}{12}$ が正解となります。

A．$\frac{5}{12}$

4　四角数（平方数）

□〈例題７〉

黒い碁石を図のように並べるとき，次の問いに答えなさい。

●　　●●　　●●●　　●●●●
　　　●●　　●●●　　●●●●
　　　　　　●●●　　●●●●
　　　　　　　　　　●●●●

1 番目　　2 番目　　3 番目　　4 番目

（1）10 番目の図形に必要な黒い碁石の数を求めなさい。

（2）15 番目の図形は，14 番目の図形にいくつの黒い碁石を足すとできますか。

（1）また黒い碁石ですね。ただこれは，どんな規則で増えているか，わかりやすいですね。$1^2 = 1$，$2^2 = 4$，$3^2 = 9$，$4^2 = 16$…となっていますから。

10 番目の図形に必要な黒い碁石は，もちろん，$10^2 = 100$（個）です。

このように，1，4，9，16…のような「ある自然数の 2 乗」になっている数列のことを「四角数」または「平方数」といいます。「平方」というのは「2 乗」という意味です。つまり，

n 番目の四角数（平方数）$= n^2$

と表せます。

A．100 個

(2) 15番目の図形に必要な黒い碁石は何個ですか？

もちろん，$15^2 = 225$（個）ですね。

では，14番目の図形に必要な黒い碁石は？

$14^2 = 196$（個）ですよね。

よって，その差ですから，$225 - 196 = 29$（個）となりますね。

この問題自体は難しくなかったと思うのですが，これを別の角度から考えてみると，ちょっと勉強になります。

四角数を次の図のように区切ってみます。

左から，1，4，9，16を表しています。

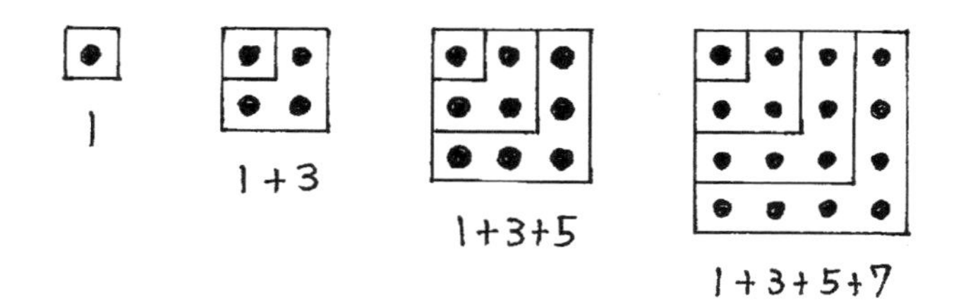

例えば4番目の四角数である16は，$1 + 3 + 5 + 7 = 16$のように，奇数を小さい順に4つ足した数なのですね。

すると先程の問題ですが，15番目の四角数は，14番目の四角数に**15番目の奇数を足した数**となります。

すなわち，15番目の奇数とは，1，3，5，7…と数えて29です。

n番目の奇数は文字式で$2n - 1$と表せますから，これに$n = 15$を代入して，$2 \times 15 - 1 = 29$でもいいですね。

A．29個

□〈例題 8〉

図のように数を並べるとき，次の問いに答えなさい。

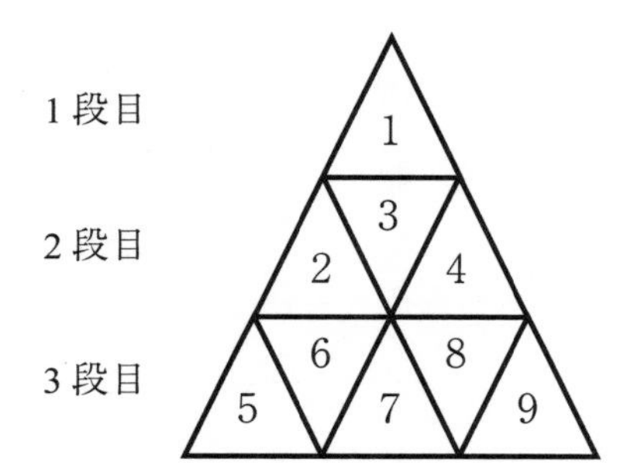

（1）8 段目には数がいくつ並びますか。

（2）130 は何段目の左から何番目になりますか。

---

(1) それぞれの段に並ぶ数を数えていくと，1，3，5…個となっています。1 から小さい順に，数が奇数個並んでいることがわかりますね。

すると 8 段目には，数が小さい方から 8 番目の奇数個並ぶのがわかりますか。

ですから，小さい順に奇数を 1，3，5，7…と数えていけば，8 番目の奇数は 15。よって 8 段目には数が 15 個並ぶとわかります。

もちろん，これが四角数だと気付けば，

（8 段目までに並ぶ数）－（7 段目までに並ぶ数）

$= 8^2 - 7^2$

$= 15$

でもいいですね。　　　　　　　　　　　　　　　　　A．15 個

(2) 各段の右端の数に着目してみます。

$1^2 = 1$, $2^2 = 4$, $3^2 = 9$…と，四角数になっていることがわかりますね。

さて，130 よりも小さくて，130 に最も近い四角数を考えてみましょう。

$11^2 = 121$ ですね。これが 11 段目の右端の数になるわけです。

すると，12 段目の左端の数は 122 ですよね。130 はそこから数えていくと，9 つ目。130 は 12 段目の左から 9 番目の数とわかります。

A．12 段目の左から 9 番目

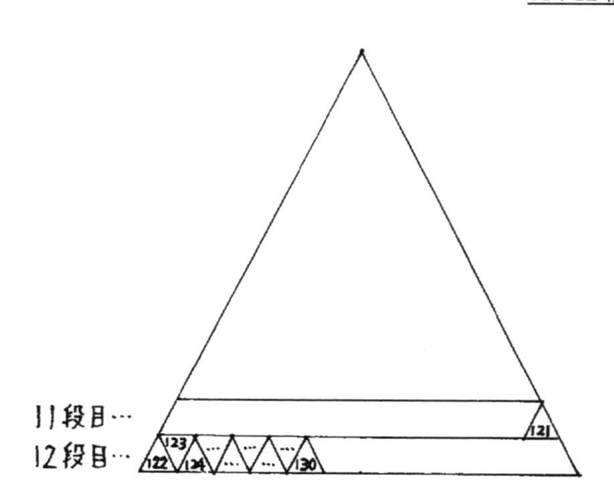

5　組になった数列（周期算）

□〈例題 9〉

2 ÷ 7 を計算したときの小数第 100 位の数を求めなさい。

こういうのは実際に計算してみるのが一番。

2 ÷ 7 を計算してみるとどうなりましたか。

しばらく割り切れないけれど，計算しているうちに何か規則性が見つかりませんか。

2 ÷ 7 = 0. **285714**28571428…

そう，太字になっている「**285714**」という 6 つの数字が繰り返されていることがわかりますね。

このように，ある数がある周期をもって繰り返しでてくる問題は「周期算」などとも呼ばれています。

すると，この 6 つの数字を 1 つの「周期」と考えてみると，小数第 100 位の数は，100 ÷ 6 = 16 あまり 4　という式から求められます。

この式，どういう意味かわかりますか。

これは，小数第 100 位までの数の中に「**285714**」の周期が 16 回繰り返されて，最後に数が 4 つあまる。つまり，17 回目の周期の 4 番目の数字が小数第 100 位の数だということをいっているわけですね。

よって，周期の 4 番目である 7 が正解です。

A . 7

□〈例題 10〉

2^{2018} を計算したときの 1 の位の数を求めなさい。

2^{2018} というのは，2 を 2018 回かけるということですね。
なんだか面倒だなと思っても，とりあえず計算してみて，なにか規則性があるかを調べることが大切ですよ。
$2^1 = 2$，$2^2 = 4$，$2^3 = 8$，$2^4 = 16$，$2^5 = 32$，$2^6 = 64$，$2^7 = 128$，$2^8 = 256$
どうですか，なにかわかってきませんか。
そう，1 の位の数に注目すると，**2486**2486…というように，「**2486**」という 4 つの数字が 1 つの周期として繰り返されているんですね。
すると，2018 回かけたときの 1 の位の数は？
〈例題９〉と同じように考えればいいですね。
$2018 \div 4 = 504$ あまり 2
つまり「**2486**」の 505 回目の周期の 2 番目の数字ということ。
答えは 4 です。

A．4

第２章

演習編（問題）

さて，「基礎編」で学習した考え方を利用して，過去の高校入試で実際に出題された「規則性の問題」を解いてみましょう。

難易度はなるべく「易→難」の順に配置していますが，問題の種類はあえてランダムに配置しています（問題ごとに，「基礎編」で学習したどの考え方を使うのかを，各自が考えて解いて欲しいからです）。

ただし，すべてが「基礎編」の考え方で解けるというわけではありません。「基礎編」で学んだことはあくまで「規則性の問題で利用できる代表的な考え方」です。繰り返しになりますが，それぞれの問題で粘り強くよく考え，解けなかったところは解説を読んで繰り返しチャレンジしてみてください。

1 図1のような1辺3cmの正方形の紙がたくさんある。これらを図2のように1辺1cmの正方形をのりしろとしてつなぎ合わせていく。

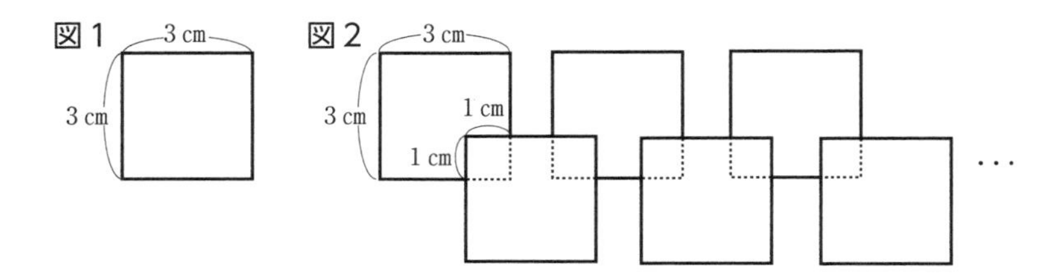

(1) 8枚の紙をつなぎ合わせたとき，できた図形の面積を求めよ。

(2) n 枚の紙をつなぎ合わせたとき，できた図形の面積を n を用いて表せ。

(3) n 枚の紙をつなぎ合わせたとき，できた図形の面積が169cm²であった。このとき，n の値を求めよ。

〈佐賀〉

解答・解説は88p.参照

2　下の図の１番目，２番目，３番目，…のように，１辺の長さが１cmである同じ大きさの正方形を規則的に並べて図形をつくる。

図の太線は図形の周を表しており，例えば，２番目の図形の周の長さは10 cmである。

下の①，②の問いに答えなさい。

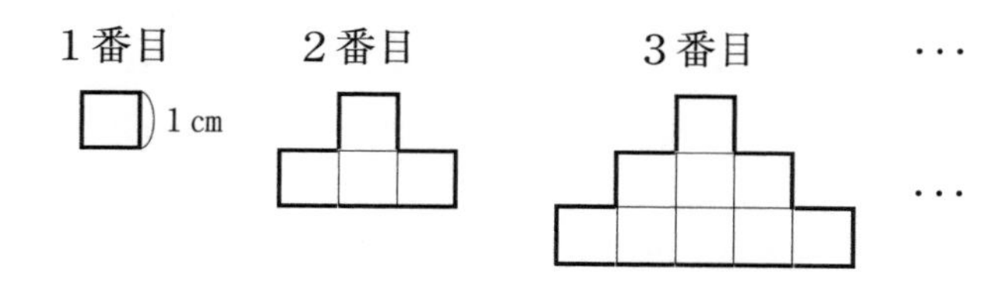

① ４番目の図形の周の長さを求めなさい。

② n番目の図形の周の長さをnを使って表しなさい。

〈大分〉

解答・解説は 89p. 参照

3　右の図のように，同じ大きさの正三角形の板を，重ならないようにすき間なくしきつめて大きな正三角形を作る。また，しきつめた１つ１つの正三角形の板には，上から順に１段目には１，２段目には２，３，４，３段目には５，６，７，８，９と自然数を書き，４段目から下の正三角形の板にも，10，11，12，…と自然数を順に書いていくものとする。

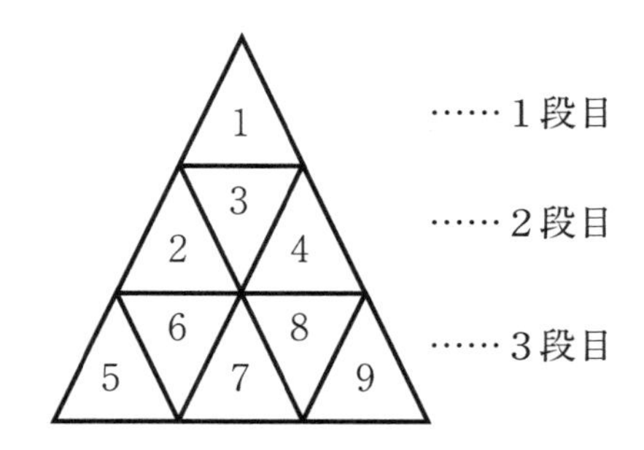

このとき，次の問い（1），（2）に答えよ。

（1）６段目の正三角形の板に書かれている自然数のうち，最も大きな数を求めよ。また，n段目の正三角形の板に書かれている自然数のうち，最も大きな数をnを用いて表せ。

（2）正三角形の板1024枚をしきつめて，大きな正三角形を作った。このとき，最も下の段に並んだ正三角形の板の枚数を求めよ。

〈京都〉

解答・解説は90p. 参照

4　右のⅠ図の図形は１辺の長さが1cmの正方形であり，この正方形を基本の正方形とよぶことにする。

Ⅰ図

基本の正方形

次のⅡ図のように，基本の正方形１個を１番目の正方形，基本の正方形４個をすき間なく並べた１辺の長さが2cmの正方形を２番目の正方形，基本の正方形９個をすき間なく並べた１辺の長さが3cmの正方形を３番目の正方形とする。このような規則で４番目の正方形，５番目の正方形，…をつくる。

次に，下のⅢ図のように，Ⅱ図の１番目の正方形，２番目の正方形，３番目の正方形のすべての基本の正方形について，対角線の交点の位置に白石を１個，各頂点の位置に黒石を１個ずつ置く。１番目の正方形には白石を１個，黒石を４個，２番目の正方形には白石を４個，黒石を９個，３番目の正方形には白石を９個，黒石を16個置く。同じように４番目の正方形，５番目の正方形，…に白石と黒石を置く。

このとき，次の問い（1），（2）に答えよ。

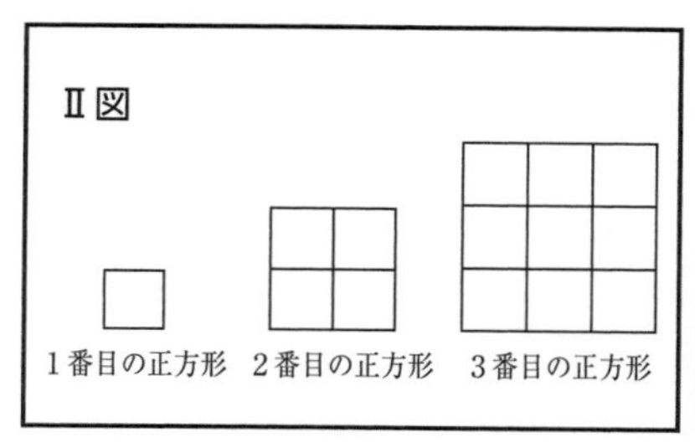

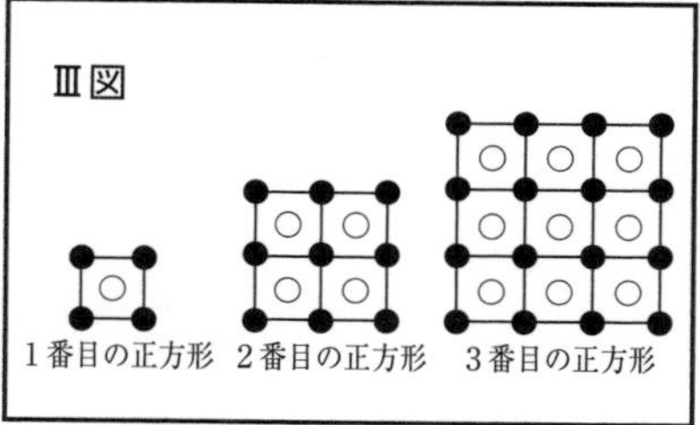

（1）４番目の正方形に置く白石の個数と黒石の個数の和を求めよ。また，10番目の正方形に置く白石の個数と黒石の個数の和を求めよ。

（2）n番目の正方形に置く白石の個数と黒石の個数を，それぞれnを用いて表せ。また，n番目の正方形に置く白石の個数と黒石の個数の和が925個となるとき，nの値を求めよ。

〈京都〉

解答・解説は91p.参照

5 次の規則にしたがって，左から数を並べていく。このとき，下の(1)～(3)の問いに答えなさい。

> 規則
> ・1番目の数と2番目の数を定める。
> ・3番目以降の数は，2つ前の数と1つ前の数の和とする。
> （例）1番目の数が1，2番目の数が2の場合，1番目の数から順に並べると次のようになる。
> 1，2，3，5，8，13，…

(1) 1番目の数が-2，2番目の数が1のとき，10番目の数を求めよ。

(2) 1番目の数がa，2番目の数がbのとき，4番目の数をa，bを用いて表せ。

(3) 4番目の数が13，8番目の数が92のとき，1番目の数と2番目の数をそれぞれ求めよ。

〈高知〉

解答・解説は92p.参照

6　図１で示す展開図から作った同じ大きさのさいころを，図２のように１の目を上にし，１番目は１個，２番目は２個，３番目は３個，…，n 番目は n 個と区切りながら，一列にテーブルの上に並べる。ただし，さいころの向きはすべて同じものとし，それぞれすき間なく並べるものとする。このとき，となりのさいころと接している面と，テーブルと接している面は見ることができない。

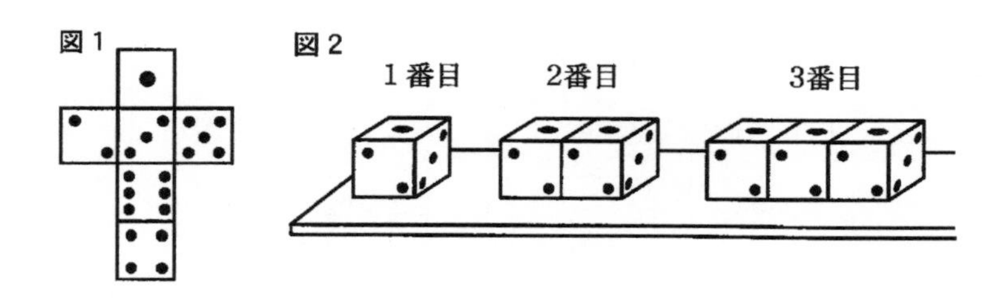

正美さんは，見ることができる目の数の和が，n 番目の n の値により，どのようになるかを調べて，表にまとめた。このとき，次の(1)～(3)に答えなさい。

n 番目	1	2	3	…	イ	…	n
見ることができる目の数の和	15	23	ア	…	55	…	ウ

(1) ３番目のとき，表のアに当てはまる値を求めなさい。

(2) 見ることができる目の数の和が 55 となるのは何番目のときか，表のイに当てはまる値を求めなさい。

(3) n 番目のとき，表のウに当てはまる値を n を使った式で表しなさい。

〈山梨〉

解答・解説は 93p. 参照

7 下の図のように，ある規則にしたがって自然数が1から順に1つずつ書かれた正方形のタイルをいくつか使って，1番目，2番目，3番目と正方形を作っていく。このとき，次の問いに答えよ。

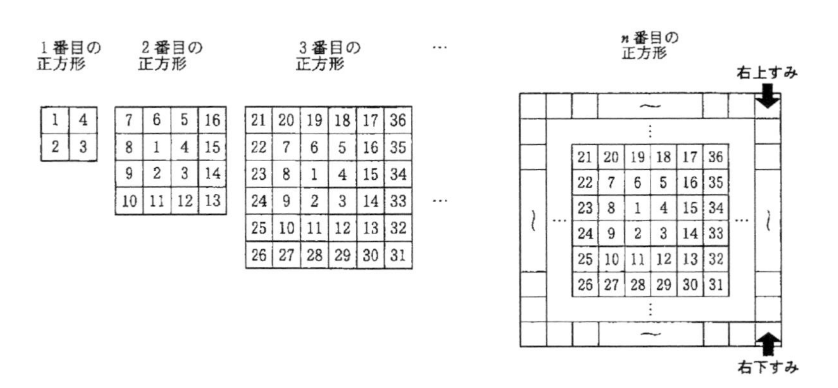

(1) n番目の正方形の右上すみの位置にくる数字をnを用いて表せ。

(2) 15番目の正方形の右下すみの位置にくる数字を求めよ。

〈富山・改〉

解答・解説は94p. 参照

8　白，黄，赤の3種類のカードを，左から1列に白を1枚，黄を1枚，赤を2枚という順に，くり返し並べる。例えば，カードを13枚並べた場合は，下の図のようになる。このとき，次の問いに答えよ。

(1) カードを35枚並べたとき，並べたすべてのカードの中にある赤のカードの枚数を求めよ。

(2) 最後に並べたカードが黄のカードのとき，並べたすべてのカードの中に黄のカードがn枚あった。並べたすべてのカードの枚数を，nを用いた式で表せ。

〈三重〉

解答・解説は95p. 参照

9 下の図のように，正方形の画用紙の一部が重なるようにして，マグネットを使い，上の段と下の段で別々のはり方をする。ただし，はるときには，画用紙の4か所を必ずとめるものとする。

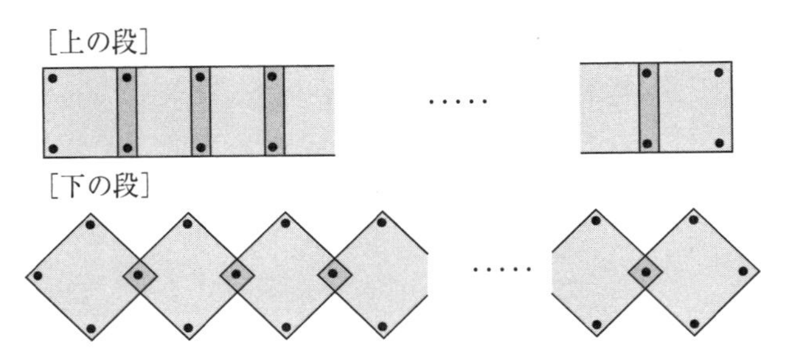

(1) 上の段に6枚の画用紙をはるとき，マグネットの個数を求めよ。

(2) 下の段に画用紙をはる。50個のマグネットが使えるとき，はることができる画用紙の最大の枚数を求めよ。

(3) 上の段と下の段に合計20枚の画用紙をはる。50個のマグネットをすべて使うとき，上の段と下の段にはる画用紙の枚数をそれぞれx枚，y枚として，x，yについての連立方程式をつくれ。また，上の段と下の段にはる画用紙の枚数を求めよ。

〈長野〉

解答・解説は96p. 参照

10　次のように数が規則的に並んでいる。

$5,\ \frac{26}{5},\ \frac{27}{5},\ \frac{28}{5},\ \frac{29}{5},6,\ \frac{31}{5},\ \frac{32}{5},\ \frac{33}{5},\ \frac{34}{5},7,\ \frac{36}{5},\ \frac{37}{5},\ \cdots$

このとき，次の(1)～(3)に答えなさい。

(1) 5と6の間には，$\frac{26}{5}$，$\frac{27}{5}$，$\frac{28}{5}$，$\frac{29}{5}$が並んでおり，その和は22である。同じように考えて，7と8の間に並ぶ数の和を求めなさい。

(2) 1番目の数を5，2番目の数を$\frac{26}{5}$，3番目の数を$\frac{27}{5}$，…としたとき，83番目の数を求めなさい。

(3) 5と6の間に並んでいる数は4個あり，5と7の間に並んでいる数は9個ある。5と自然数nの間に並んでいる数は何個あるか，nを使った式で表しなさい。ただし，$n>5$とする。

〈石川〉

解答・解説は97p.参照

11　たくさんの正方形の黒タイル，白タイルがあり，1 辺の長さはそれぞれ 1 cm，3 cm です。この白タイルを 1 cm 間隔で横一列に並べて，その周りを黒タイルですき間なく重ならないように左から順に囲み，そのとき使う黒タイルの枚数を調べます。白タイル 1 枚を囲むときは，図 1 のように黒タイルは全部で 16 枚使います。白タイル 2 枚を囲むときは，図 2 のように黒タイルは全部で 27 枚使います。白タイル 7 枚を囲むとき，黒タイルは全部で何枚使いますか。その枚数を求めなさい。

〈埼玉〉

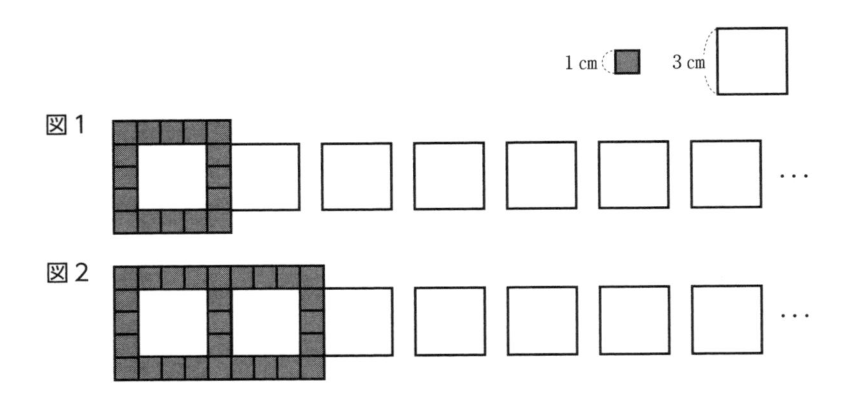

解答・解説は 99p. 参照

12　図のように，段と列を決めてカードを並べる。まず，1段目に，1列目から順に1，3，5，…と奇数のカードを並べる。次に，1つ下の段のカードの数より1大きい数のカードを，2列目には2段目まで，3列目は3段目まで，…と規則的に並べていく。このとき，次の(1)〜(3)に答えなさい。

5段目					13
4段目				10	12
3段目			7	9	11
2段目		4	6	8	10
1段目	1	3	5	7	9
	1列目	2列目	3列目	4列目	5列目

(1) 7列目の3段目に置かれたカードの数は何か，答えなさい。

(2) 43のカードは何枚置かれているか，答えなさい。

(3) n 列目の1段目から3段目に並べられている3枚のカードの数の和が210であるとき，n 列目のカードの中で一番大きい数は何か，答えなさい。

〈徳島〉

解答・解説は101p. 参照

13 コンピュータやテレビのカラー画面は，規則正しく並んだたくさんの小さな赤，緑，青の点で，さまざまな色を表示している。

図 1 は，あるカラー画面とその一部を拡大したものを模式的に表している。また，赤，緑，青の点をそれぞれ円で表している。

下の〔問 1〕，〔問 2〕に答えなさい。

図 1

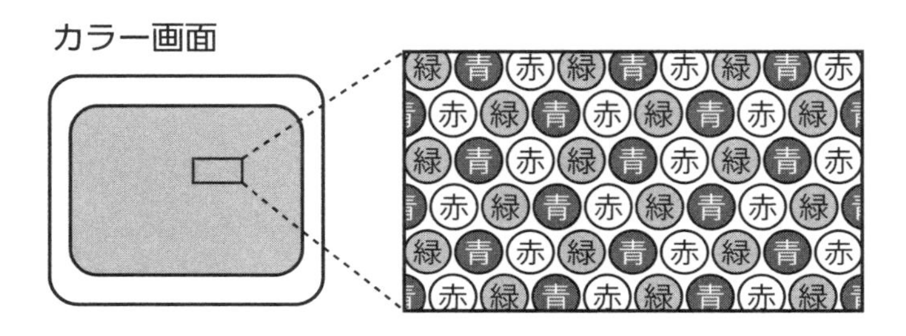

〔問 1〕 図 2 は，図 1 のカラー画面のある一行を取り出し，赤の円の一つを 1 番目とし，その右側にある円を 2 番目，さらにその右側を 3 番目，…としたものである。このとき，下の（1），（2）に答えなさい。

図 2

1 番目	2 番目	3 番目	4 番目	5 番目	6 番目	7 番目	8 番目	9 番目	10 番目	…
赤	緑	青	赤	緑	青	赤	緑	青	赤	…

（1）20 番目の円の色を答えなさい。

（2）1 番目から 100 番目までに，赤の円は何個あるか，求めなさい。

〔問 2〕 図 3 は，図 1 のカラー画面に直線 l，m をひき，この 2 つの直線で挟まれた ▒▒▒ の部分の一部を拡大し，一番上の赤の円を 1 行目，その下の行を 2 行目，さらにその下の行を 3 行目，…としたものである。

表は，図 3 について，各行ごとの円の色や個数についてまとめたものである。表中の☆，★は，連続する 2 つの順番を表し，＊は，あてはまる数，式，色を省略したことを示している。なお，a は自然数である。

このとき，下の (1)，(2) に答えなさい。

図３

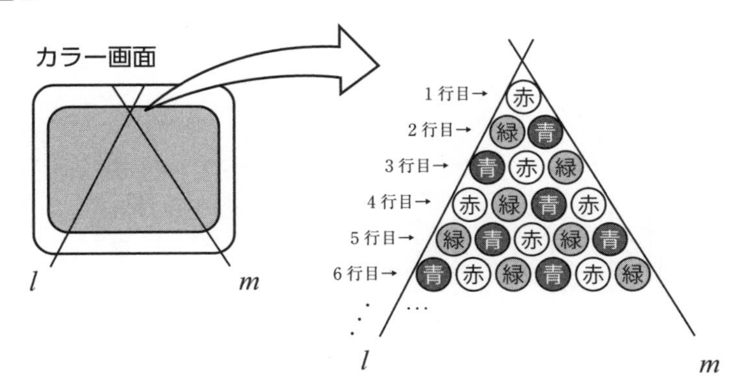

表

順番（行目）	1	2	3	4	5	6	7	…	(ウ)	…	☆	★	…
直線 l に最も近い円の色	赤	緑	青	赤	緑	青	*	…	緑	…	*	*	…
赤の円の個数	1	0	1	2	1	2	(ア)	…	5	…	a	$a-1$	…
緑の円の個数	0	1	1	1	2	2	*	…	6	…	*	*	…
青の円の個数	0	1	1	1	2	2	(イ)	…	*	…	*	*	…
その行にある全ての円の個数	1	2	3	4	5	6	7	…	(ウ)	…	(エ)	*	…

(1) 表中の(ア)～(ウ)にあてはまる数を求めなさい。また，(エ)にあてはまる式を a を使って求めなさい。

(2) 251 行目の左端から数えて 21 個目の円の色を求めなさい。ただし，答えを求める過程がわかるように書なさい。

〈和歌山〉

解答・解説は 103p. 参照

14 図は，1から300までの番号が1つずつ書いてある300枚のカードに，次のような手順で●印をつけたものである。まず，番号が2の倍数であるすべてのカードに1個ずつつける。次に，番号が4の倍数であるすべてのカードに1個ずつつける。さらに，番号が8の倍数であるすべてのカードに1個ずつつける。最後に，番号が16の倍数であるカードに1個ずつつける。このとき，下の(1)〜(4)の問いに答えなさい。

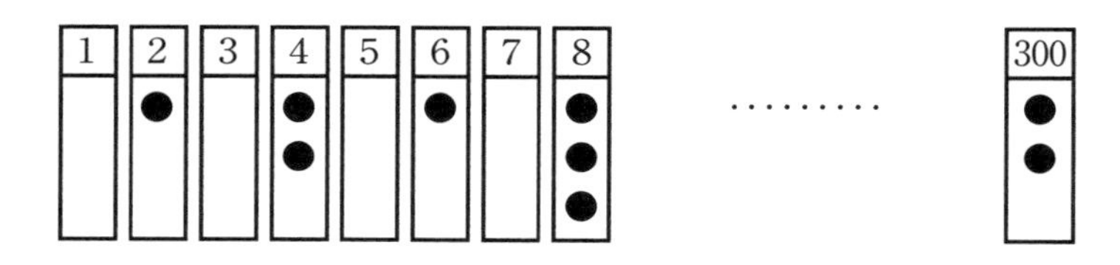

(1) 番号が16のカードには，●印が何個ついているか。

(2) ●印がちょうど3個ついているカードのうち，番号が小さいほうから数えて2枚目のカードに書いてある番号を答えよ。

(3) ●印がちょうど3個ついているカードのうち，番号が小さいほうから数えて a 枚目のカードに書いてある番号を a を用いて表せ。

(4) 番号が1から n までの n 枚のカードについている●印の総数が，217個であった。このとき，n の値を求めよ。ただし，n は偶数とする。

〈鹿児島〉

解答・解説は105p.参照

15　下の表のように，自然数が規則的に並んでいる。

このとき，次の問いに答えなさい。

(1) 6行目で6列目の数を求めなさい。

(2) 73は何行目で何列目の数か求めなさい。

(3) n行目でn列目の数を，nを用いた式で表しなさい。

〈沖縄〉

	1列目	2列目	3列目	4列目	5列目	・	・
1行目	1	4	5	16	17	・	・
2行目	2	3	6	15	・	・	・
3行目	9	8	7	14	・	・	・
4行目	10	11	12	13	・	・	・
・	・	・	・	・	・	・	・
・	・	・	・	・	・	・	・
・	・	・	・	・	・	・	・

解答・解説は 107p. 参照

16 次の（1），（2）の問いに答えなさい。

（1）同じ長さのマッチ棒を用いて，図Ⅰのように，一定の規則にしたがって，1番目，2番目，3番目，…と，マッチ棒をつなぎ合わせて図形をつくっていく。用いたマッチ棒の数は，1番目では4本，2番目では12本，3番目では24本である。このとき，

① 5番目の図形をつくるには何本のマッチ棒が必要か，求めなさい。

② n番目の図形をつくるには何本のマッチ棒が必要か，nの式で表しなさい。

図Ⅰ

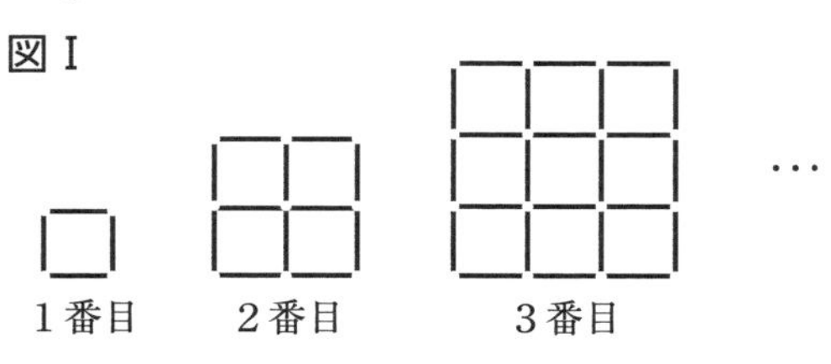

（2）同じ長さのマッチ棒を用いて，図Ⅱのように，一定の規則にしたがって，1番目，2番目，3番目，…と，マッチ棒をつなぎ合わせて図形をつくっていく。このとき，n番目の図形をつくるには何本のマッチ棒が必要か，nの式で表しなさい。

〈 群馬 〉

図Ⅱ

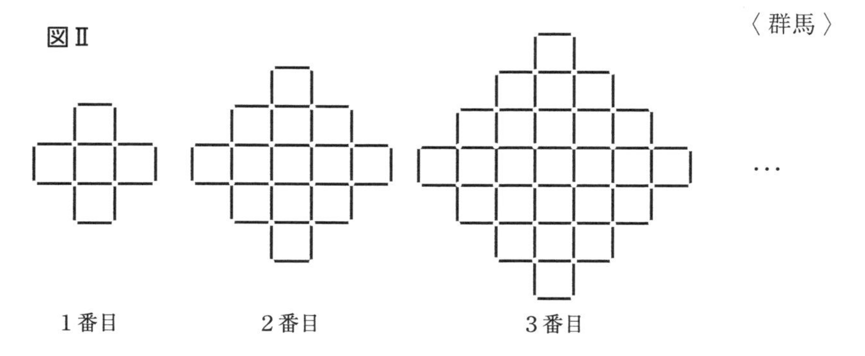

解答・解説は108p.参照

17　長方形の画用紙の４隅を画びょうでとめて掲示板に掲示する。１枚だけを掲示するときは，図１のように４個の画びょうで４隅をとめて掲示するが，２枚以上を掲示するときは，次の規則にしたがって掲示する。

ただし，掲示する画用紙の大きさはすべて同じである。

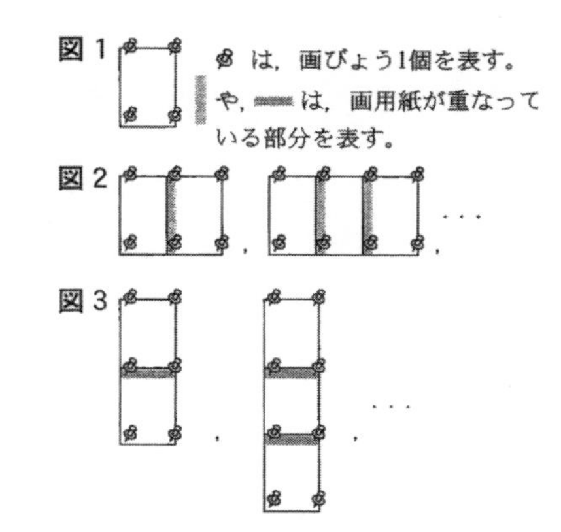

［規則］
- 掲示する画用紙の向きはすべて同じにし，横の方向と縦の方向以外には並べないものとする。
- 横に並べるときは，図２のように左右のとなりあう画用紙を少しの幅だけ重ねて画びょうでとめる。
- 縦に並べるときは，図３のように上下のとなりあう画用紙を少しの幅だけ重ねて画びょうでとめる。
- 横にも縦にも並べるときは，図４のように，縦に m 段，横に n 列で全体が長方形の形になるように並べ，左右や上下のとなりあう画用紙のどちらも少しの幅だけ重ねて画びょうでとめる。

このとき，次の問いに答えなさい。

(1) ６枚の画用紙を掲示するとき，

① 横に６枚並べて掲示する場合，使用する画びょうの個数を求めよ。

② 縦に２段，横に３列で並べて掲示する場合，使用する画びょうの個数を求めよ。

(2) 12枚の画用紙を掲示するとき，使用する画びょうの個数が最も少なくなるような並べ方で掲示すると，使用する画びょうは何個か。

(3) 何枚かの画用紙を前述の規則にしたがって掲示したとき，画用紙をとめるのに使用した画びょうの個数が35個であった。このとき，掲示した画用紙は何枚であったか。

(4) 図4のように，画用紙を縦にm段，横にn列で並べて掲示するときに使用する画びょうの個数は，このときと同じ枚数の画用紙を重ねずに並べ，すべての画用紙を1枚につき4個の画びょうでとめて掲示する場合に必要な画びょうより，何個少なくなるか。

その個数をm，nを使って表せ。

〈愛媛〉

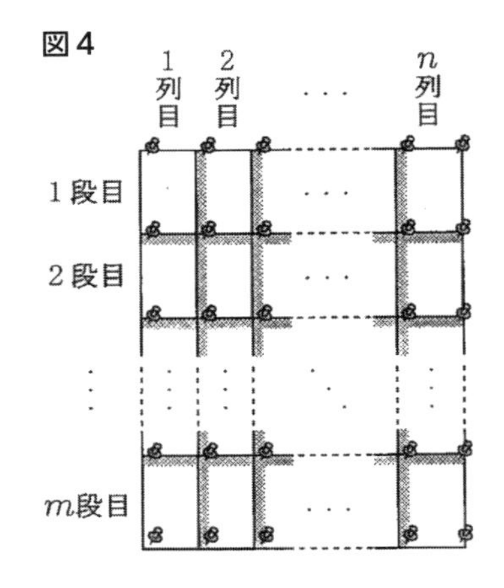

解答・解説は110p.参照

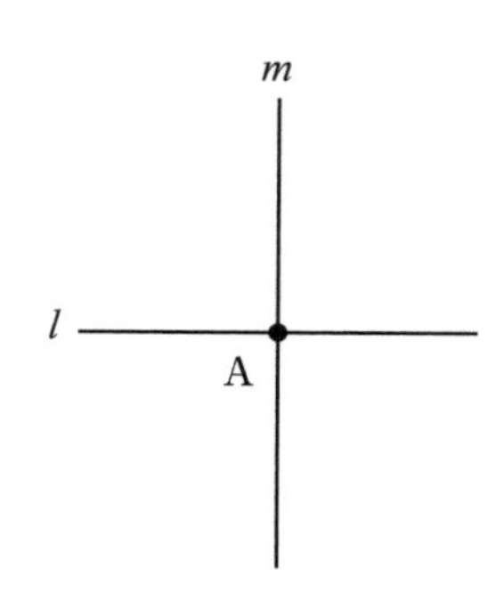

18　平面上に，図のような点Aを通る異なる２本の直線 l, m がある。

この図に，２直線 l, m とは別の，点Aを通る異なる n 本の直線と，点Aを中心とする半径がそれぞれ異なる n 個の円をかく。ただし，$n = 1$ のときは２直線 l, m とは別の，点Aを通る１本の直線と，点Aを中心とする１個の円をかく。

このようにしてかいた図における，直線と直線との交点および直線と円との交点の個数を調べることにする。

下の表は，$n = 1$, $n = 2$ のときの図の一例と，それらの図における交点の個数をそれぞれ示したものである。

n の値	1	2
図の一例		
交点の個数（個）	7	17

このとき，次の問いに答えなさい。

（ア）$n = 3$ のとき，交点の個数を求めなさい。

（イ）交点の個数が161のとき，n の値を求めなさい。

〈神奈川〉

解答・解説は112p. 参照

19 Tさんは，ある公園で右の写真のような柵を見つけた。そこで，半円の形の鉄材を用いてできる柵について，「鉄材の個数」と「柵の長さ」との関係を考えるために模式図をかいた。

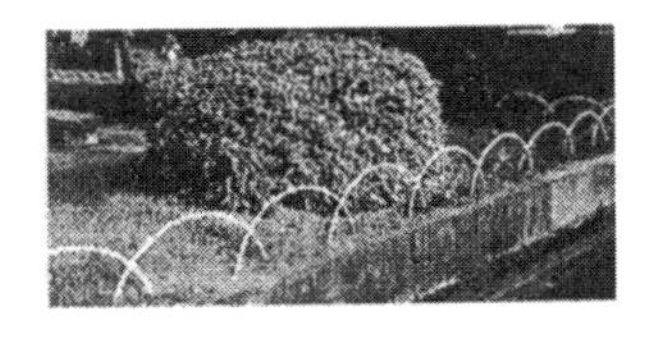

下図はその模式図である。「鉄材の個数」がx個のときの「柵の長さ」をy cmとし，「鉄材の個数」を1個増やすごとに「柵の長さ」はa cmずつ長くなるものとする。また，$x = 1$のとき$y = 80$であるとする。

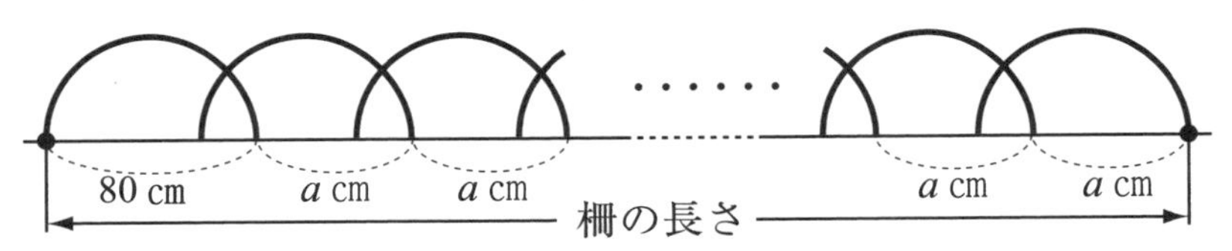

表Ⅰは，$a = 60$の場合について，xとyの関係を示した表の一部である。

表Ⅰ

x	1	2	3	…	56	…
y	80	（ア）	（イ）	…	3380	…

aを正の定数とし，xを自然数として，次の問いに答えなさい。

(1) $a = 60$の場合について，xとyの関係を考える。

① 表Ⅰ中の（ア），（イ）にあてはまる数をそれぞれ求めなさい。

② xを自然数として，yをxの式で表しなさい。

③ $y = 5000$となるときのxの値を求めなさい。

(2) Tさんは，aの値を変えて，「鉄材の個数」が45個のときの「柵の長さ」が3380 cmになるようにしようと考えた。$x = 45$のときのyの値が3380となるのは，aの値がいくらの場合ですか。求め方も書くこと。

(3) $a = 60$の場合において「鉄材の個数」がn個である柵を［柵P］とする。$a = 50$の場合において「鉄材の個数」が［柵P］の「鉄材の個数」よりk個多い柵を作り，この柵を［柵Q］とする。［柵Q］の「柵の長さ」が［柵P］の「柵の長さ」と等しくなるとき，nをkを用いて表しなさい。ただし，n，kは自然数とする。

〈大阪〉

解答・解説は113p.参照

20　同じ大きさの玉を使い，下の【規則】①，②にしたがって，n段重ねの立体をつくる。ただし，nは2以上の自然数とする。このとき，下の(1)～(4)の問いに答えなさい。

［規則］
①　いちばん下の段には，縦横にn個ずつの玉を，正方形の形にぴったりとつめて並べ，1から順に自然数の番号を1つずつつける。例えば，$n = 3$のときは図1のようになる。
②　下の段において，縦横に2個ずつ隣り合って並んでいる4段の玉のすべての間に，玉を1個ずつ積み重ねて上の段をつくり，①と同じように1から順に自然数の番号を1つずつつける。この操作を，いちばん上の段の玉が1個になるまで続ける。例えば，$n = 3$のときは図2のようになる。

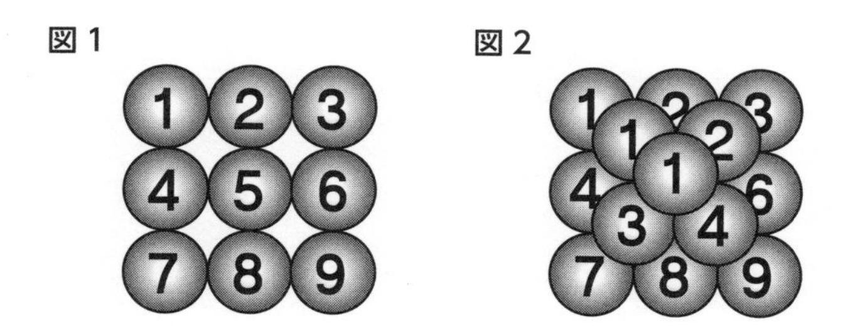

(1) 4段重ねの立体をつくるには，全部で何個の玉が必要か。

(2) 6段重ねの立体で，5の倍数の番号のついた玉は全部で何個あるか。

(3) 図2の3段重ねの立体では，ちょうど2回使われる番号は2，3，4であり，それぞれ玉は，2個ずつ全部で6個ある。n段重ねの立体で，ちょうど2個使われる番号のついた玉は，全部で何個あるか。nを用いて表せ。

(4) n段重ねの立体をつくるとき，下から2段目まで積み重ねたところ，ちょうど145個の玉を必要とした。このとき，nの値を求めよ。ただし，nについての方程式と計算過程も書くこと。

〈鹿児島〉

解答・解説は115p.参照

21　1から順に自然数を1ずつ書いた同じ大きさの長方形のタイルが130枚ある。これらのタイルは，下の図のように数の小さい方から順に，上から1段目に7枚，2段目に6枚，3段目に7枚，4段目に6枚，…と，奇数段目に7枚，偶数段目に6枚となるように規則的にすき間なく並べてある。このとき，次の(1)〜(3)の問いに答えなさい。

図

1段目	1	2	3	4	5	6	7
2段目	8	9	10	11	12	13	
3段目	14	15	16	17	18	19	20
4段目	21	22	23	24	25	26	
5段目	27	28	29	30	…		
⋮							

(1) 7段目の左端のタイルに書かれた自然数は何か。

(2) 100が書かれたタイルは何段目の左から何枚目か。

(3) nが奇数のとき，n段目の右端のタイルに書かれた自然数は何か。nを用いて表せ。

〈鹿児島・改〉

解答・解説は117p.参照

22　図のように，同じ大きさの白と黒の石を，一定の規則にしたがい，段を分けながら並べて，三角形状の図形をつくっていく。1 番目，2 番目，3 番目，4 番目，5 番目，…の図形をつくるときに使う石の数は，表の通りである。

(1)〜(3)に答えなさい。

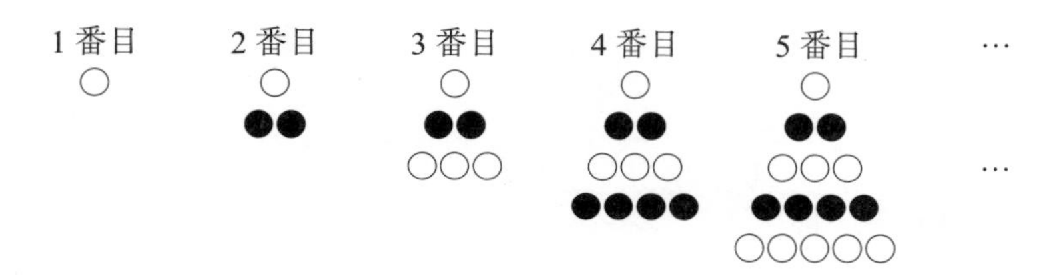

	1 番目	2 番目	3 番目	4 番目	5 番目	…
白石の個数	1	1	4	4	9	…
黒石の個数	0	2	2	6	6	…
石の総数	1	3	6	10	15	…

(1) 7 番目の図形をつくるのに使う石の総数を求めなさい。

(2) 表の黒石の個数がはじめて 90 となるのは何番目の図形か，求めなさい。

(3) 101 番目の図形をつくるのに使う白石の個数を求めなさい。

〈 島根 〉

解答・解説は 118p. 参照

23 下の図のように，1 辺が 1 cm の立方体の積み木を規則正しく積み重ねて，互いに接着させ，1 番目，2 番目，3 番目，4 番目，…と，底面が正方形の立体を作っていく。次の①，②の問いに答えなさい。

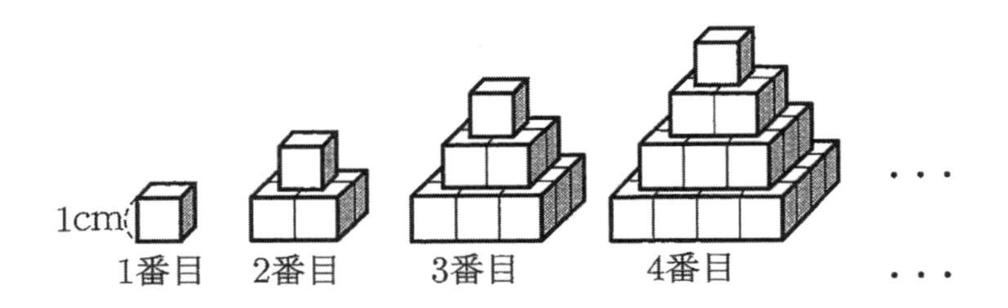

① 5 番目の立体の体積を求めなさい。

② n 番目の立体の表面積を n を使って表しなさい。

〈大分〉

解答・解説は 119p. 参照

24　図１のような，形と大きさが同じで，色が青，白，赤の，高さが8cmのコップがたくさんある。机の上に，これらのコップを図２のように，青，白，白，赤の順にふせて重ねていく。重ねたコップ全体の高さはコップを１個重ねるごとに0.5 cmずつ高くなるものとする。例えば，図３のようにコップを６個重ねると，重ねたコップ全体の高さは10.5 cmとなる。

このとき，次の問いに答えなさい。

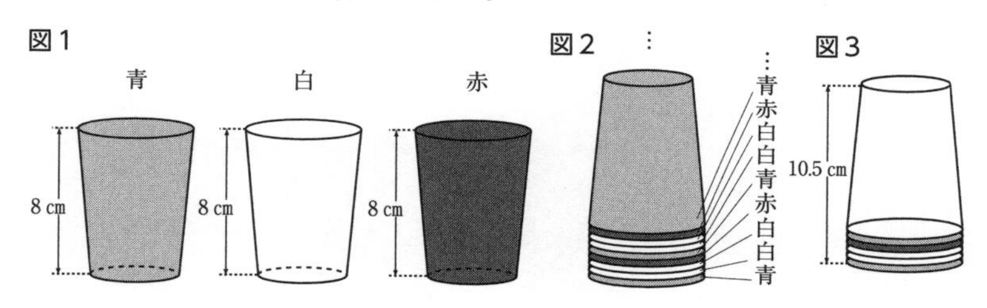

(1) コップを12個重ねたとき，

① 重ねたコップの中に白のコップは何個あるか求めなさい。

② 重ねたコップ全体の高さを求めなさい。

(2) コップをn個重ねたとき，重ねたコップ全体の高さをnを使った式で表しなさい。

(3) コップを重ねていき，重ねたコップ全体の高さを40 cmにしたい。いま，コップを何個か重ね，重ねたコップ全体の高さを測ったところ22.5 cmであった。重ねたコップ全体の高さを40 cmにするには，青，白，赤のコップは，それぞれあと何個必要か求めなさい。

〈熊本〉

解答・解説は121p.参照

25 平行な2直線 p, q があり，それぞれの直線上に異なる点が n 個ずつある。これらの点を両端とする線分について，同じ直線上のとなりあった2点を両端とする線分，および直線 p 上の点と直線 q 上の点を両端とする線分を考え，その線分の本数の和を調べることにする。ただし，n は2以上の整数とする。

下の表は，$n = 2$, $n = 3$ のときの図の例と線分の本数の和をそれぞれ示したものである。

n の値	2	3
図の例	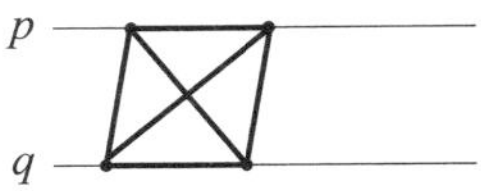 p q	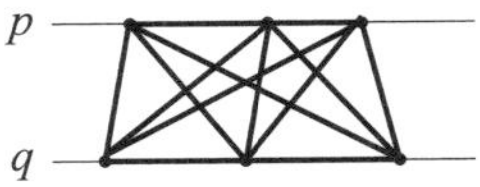 p q
線分の本数の和	6	13

このとき，次の問いに答えなさい。

（ア）$n = 4$ のとき，線分の本数の和を求めなさい。

（イ）線分の本数の和が253のとき，n の値を求めなさい。

〈神奈川〉

解答・解説は123p. 参照

26　自然数をある規則にしたがって並べた表を図のように１番目，２番目，３番目，４番目，５番目，…の順に作っていく。n 番目の表には上段，下段にそれぞれ自然数が n 個ずつ並べられている。

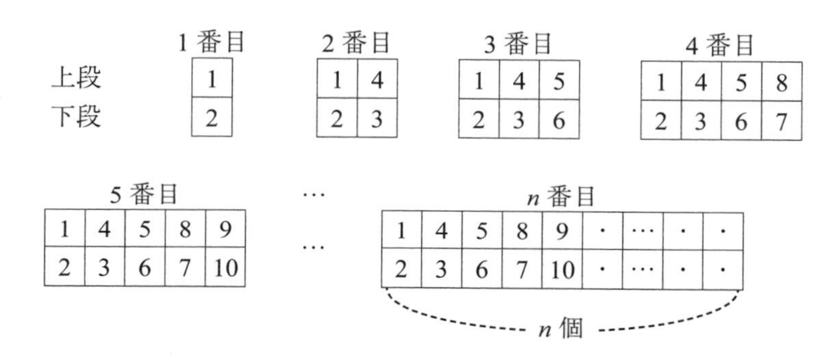

(1) ７番目の表の上段で，右端から２番目にある数を求めよ。

(2) 10 番目の表に並べられたすべての数の和から，９番目の表に並べられたすべての数の和を引いた値を求めよ。

(3) a を偶数とし，b を３以上の奇数とする。

① a 番目の表の上段で，右端から２番目にある数を a を使った式で表せ。

② a 番目の表と b 番目の表の，それぞれの上段で，右から２番目にある数を比べると，a 番目の表の数の方が５だけ大きかった。また，a 番目の表に並べられたすべての数の和は，b 番目の表に並べられたすべての数の和より 369 だけ大きかった。このとき，a，b の値を求めよ。

〈熊本〉

解答・解説は 124p. 参照

27　同じ大きさの立方体の黒い箱と白い箱が図1のように積み重ねておかれている。図2は積み重ねておかれている様子を真正面から見た図であり，図3はそれぞれの段を真上から見た図を表している。

箱のおきかたは，上から順に，1段目は1個の黒い箱，2段目は4個の白い箱，3段目は9個のうち周囲は黒い箱でその中は白い箱，4段目は周囲が白い箱でその中はすべて黒い箱，5段目は周囲が黒い箱でその中はすべて白い箱，6段目は周囲が白い箱でその中はすべて黒い箱，というように規則的になっている。ただし，図中の■と□は黒い箱と白い箱をそれぞれ表している。

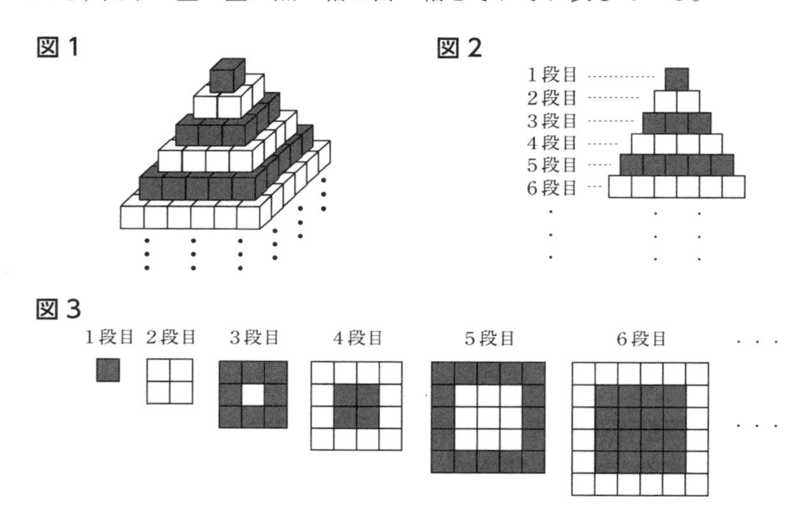

(1) 下の表は，規則に従っておいたときの，それぞれの段数とその段にある箱の数についてまとめたものである。次の問いに答えよ。

段数（段目）	1	2	3	4	5	6	7	8	…	n	…
その段の黒い箱の数（個）	1	0	8	4	16	*	ア	*	…	*	…
その段の白い箱の数（個）	0	4	1	12	9	*	イ	*	…	ウ	…
その段の箱の合計（個）	1	4	9	16	25	*	*	*	…	エ	…

*は，あてはまる数や式を省略したことを表している。

① 上の表中のア，イにあてはまる数をかけ。

② 図２のように，真正面から見たとき，n段目は白い箱であった。このとき，前頁の表中のウ，エにあてはまるnの式をかけ。

(2) 下の図４は，６段目まで積み重ねた箱を真正面から見て，平面に表した図であり，━━は，その図形の周囲を表している。同じように，x段まで積み重ねた箱を真正面から見て，平面に表したとき，その図形の周の長さをxの式で表せ。ただし，１つの箱の１辺の長さは３cmとする。

図４

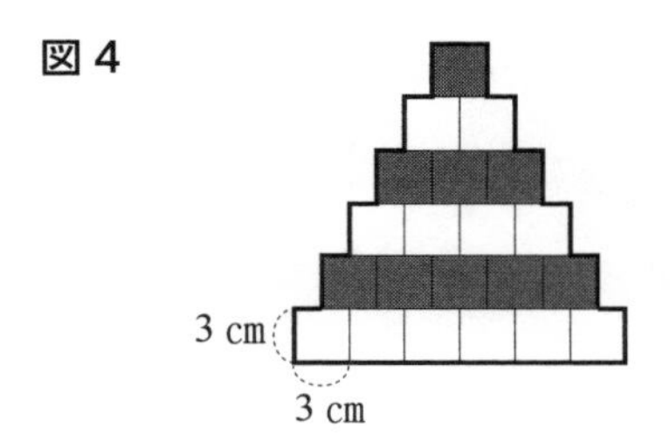

(3) 下の図５は，４段目まで積み重ねた箱を，真上から見て，平面に表した図である。このとき，黒く見える部分の面積の和と白く見える部分の面積の和の比は，３：５である。図６のように，８段目まで積み重ねた箱を真上から見たとき，黒く見える部分の面積の和と白く見える部分の面積の和の比を求め，最も簡単な整数の比で表せ。〈和歌山〉

図５

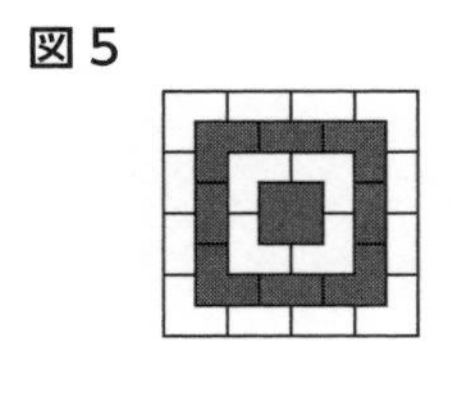

図６

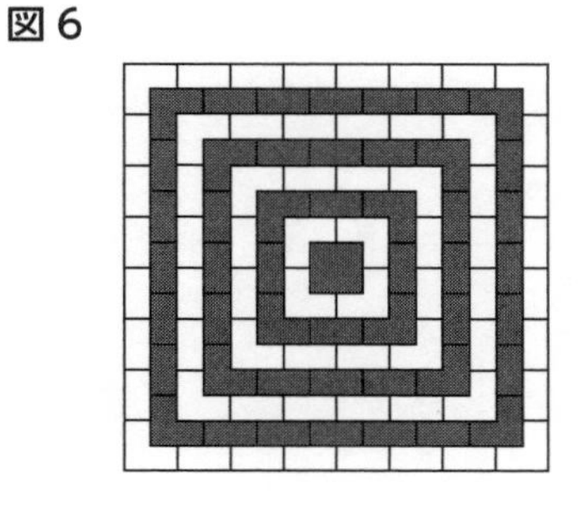

解答・解説は126p. 参照

28 黒色と白色のタイルを，黒，白，白，の順に繰り返し，重ならないように左から右に並べていく。ただし，下の図のように，1行に4枚のタイルが並んだら，次の行に，前の行の4枚目に続く色のタイルを左から並べていく。この並べ方を続けるとき，次の問いに答えよ。

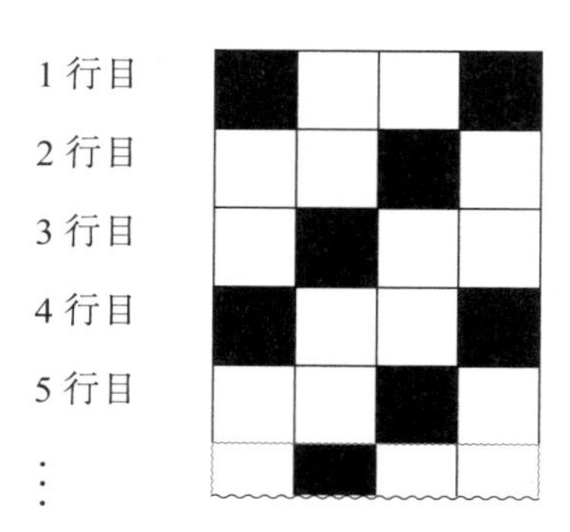

(1) 1行目から9行目までタイルを並べるとき，必要となる黒色のタイルの枚数を求めよ。

(2) n 行目は，左から3枚目が黒色のタイルとなる。1行目から n 行目までタイルを並べるとき，必要となる黒色のタイルの枚数を，n を用いて表せ。

〈宮城〉

解答・解説は 129p. 参照

29　下の図のように，赤，青，黄，緑，白の5色の色紙をこの順に，1行目のA列からD列へ4枚，2行目のA列からD列へ4枚，…とはっていく。このとき，次の問いに答えよ。

	A列	B列	C列	D列
1行目	赤	青	黄	緑
2行目	白	赤	青	黄
3行目	緑	白	赤	青
4行目	黄	→		

(1) 6行目のC列にはった色紙は何色か。

(2) D列にはった青色の色紙がn枚になったところではり終えた。このとき，1行目のA列からはった色紙すべての枚数をnを用いた式で表せ。

〈石川・改〉

解答・解説は130p. 参照

30 弥生さんの中学校では，卒業文集をつくることになった。1枚の用紙には，表に4人，裏に4人の計8人分のメッセージを印刷する。下の図1のように，用紙を真ん中で2つに折り，表紙と裏表紙をつけて，学年全員分のメッセージを1冊の冊子にまとめることにした。この中学校は，1組から3組までの3クラスあり，どのクラスの生徒数も32人である。このとき，次の問いに答えよ。

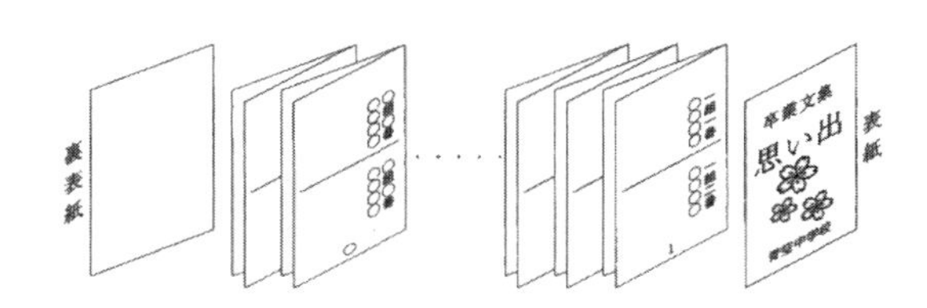

(1) 1冊の冊子をつくるには，何枚の用紙が必要となるか。ただし，表紙と裏表紙は，含まないものとする。

(2) 下の図2のように，1枚目は，1ページに1組の出席番号1番と2番，2ページに1組の3番と4番，3ページに1組の5番と6番，4ページに1組の7番と8番の生徒のメッセージを載せることにした。2枚目以降も1枚目と同様にして，最後のページに3組の31番と32番の生徒のメッセージが載るようにクラス順，出席番号順とした。弥生さんは，2組の23番の生徒である。このとき，①～③に答えよ。ただし，表紙と裏表紙は，含まないものとする。

図2

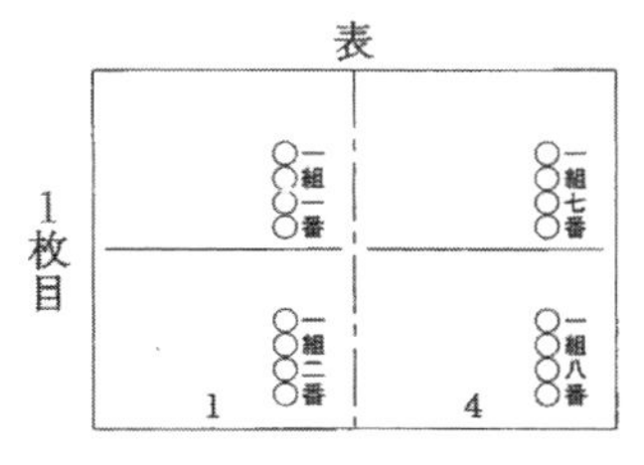

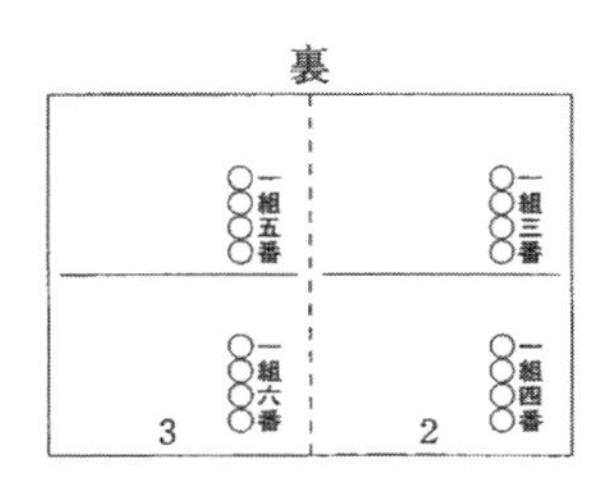

① 弥生さんのメッセージは，何枚目の用紙に載ることになるか。

② n 枚目の表と裏のページ番号の合計を，n を用いて表せ。

③ 弥生さんのメッセージは，何ページに載ることになるか。また，上段と下段のどちらに載ることになるか。

解答・解説は132p.参照

31　下の表のように，1 行目の左から，1，2，3，4，0，0，0 の 7 個の数をこの順に繰り返し並べ，一行に 10 個の数が並ぶと改行していく。このとき，次の問いに答えよ。

表

1 行目	1	2	3	4	0	0	0	1	2	3
2 行目	4	0	0	0	1	2	3	4	0	0
3 行目	0	1	2	3	4	0	0	0	1	2
4 行目	3	4	0	0	0	…				

(1) 6 行目の最後の数を求めよ。

(2) 50 行目の最後の数を求めよ。

(3) 1 行目の最初の数から 50 行目の最後の数までの，すべての数の和を求めよ。

(4) 次の［　　　］にあてはまる数を求めよ。

1 行目の最初の数から［　　　］行目の最後の数までの，すべての数の和は 2016 となる。

〈 佐賀 〉

解答・解説は 133p. 参照

32 赤玉，白玉，青玉の 3 色の同じ大きさの玉がある。下の図 1 のように，左から赤玉，白玉，青玉，赤玉，白玉，…の順に 1 列に並んでおり，左から順に 1, 2, 3, …, 250 の数が書かれている。

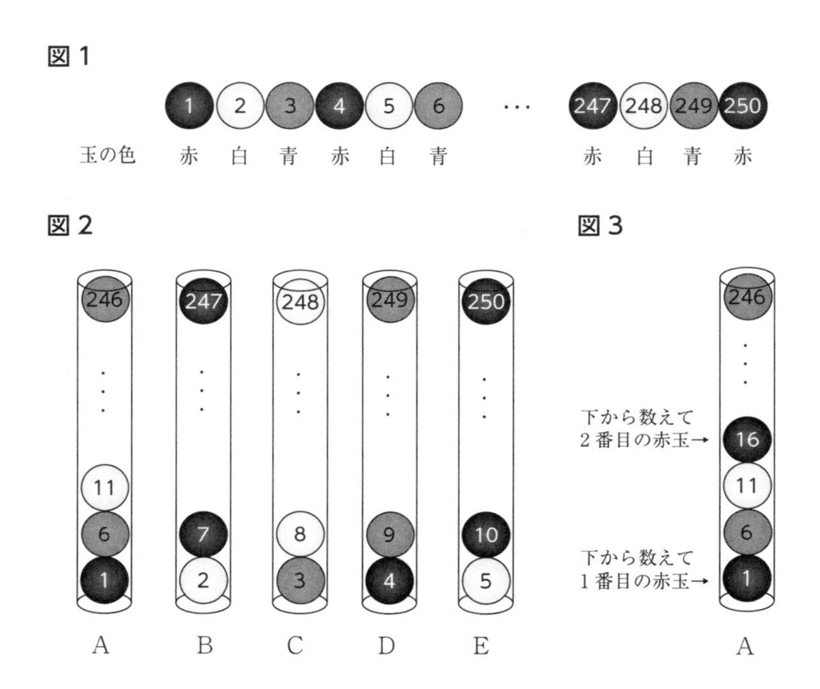

(1) 29 の数が書かれた玉の色を答えよ。

(2) 1, 2, 3, …, 100 の数が書かれた 100 個の玉の中に，赤玉は何個あるか。

(3) 上の図 2 のように，5 本の透明な筒 A，B，C，D，E がある。筒 A には 1 の数が書かれた赤玉，筒 B には 2 の数が書かれた白玉，筒 C には 3 の数が書かれた青玉，筒 D には 4 の数が書かれた赤玉，筒 E には 5 の数が書かれた白玉を入れ，次に筒 A には 6 の数が書かれた青玉，…の順に玉を入れていく。また，1 本の筒にはそれぞれ 50 個の玉が入るものとする。

① 218 の数が書かれた玉が入っている筒は A ～ E のどれか答えよ。また，下から何個目にあるか。

② 図3のように，筒Aは，下から数えて1番目の赤玉に書かれている数は1，下から数えて2番目の赤玉に書かれている数は16となる。このとき，下から数えてn番目の赤玉に書かれている数をnを使った式で表せ。ただし，nは17以下の自然数とする。

〈富山〉

解答・解説は134p.参照

33 図1は1辺の長さが6cmの正方形の折り紙を縦に5枚，横に5枚，その一部分を重ねてつないだかざりである。縦につなげるとき，重なる部分は1辺の長さが4cmの正方形になるようにし，横につながるとき，重なる部分は1辺の長さが2cmの正方形になるようにする。このようにして，1辺の長さが6cmの正方形の折り紙を縦にx枚，横にx枚つないで，図2のようなかざりをつくる。ただし，xは5以上の整数とする。また，図1，図2の[灰色]は折り紙が2枚重なった部分を表し，[黒色]は折り紙が3枚重なった部分を表している。

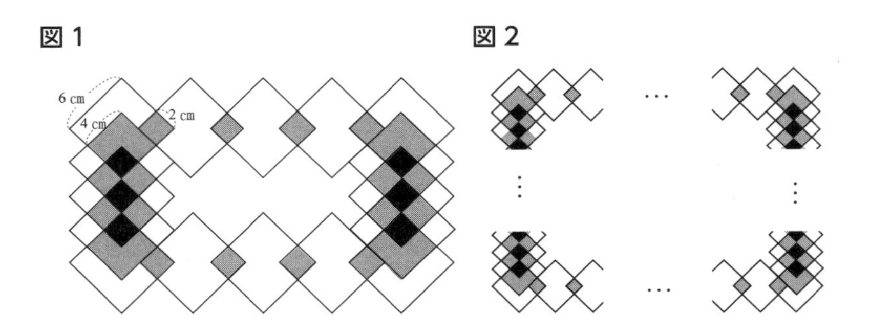

(1) 次の［ア］，［イ］に当てはまる数を答えよ。

折り紙を縦に6枚，横に6枚つないでかざりをつくるとき，つないだ折り紙の枚数の合計は［ア］枚で，折り紙が3枚かさなった部分の面積の合計は［イ］cm²である。

(2) 図2について，次の問いに答えよ。

① つないだ折り紙の枚数の合計を，xを用いて表せ。

② 折り紙が3枚重なった部分の面積の合計を，xを用いて表せ。

③ 折り紙が2枚重なった部分の面積の合計が400cm²であるとき，xの値を求めよ。

〈新潟〉

解答・解説は135p.参照

34　ある中学校で，入学予定者 100 名に新入生説明会を行うことになった。図1は，そのときに使用する資料の一部である。

資料

① 受付で 1 番から 100 番までの番号札を受け取ってください。1 番から 50 番までが 1 班，51 番から 100 番までが 2 班になります。

② 生徒会役員が誘導するので，指示があった班は書類点検を行う場所の前に並んでください。

③ 番号順に 1 人ずつ，書類点検，内履きを選び，運動着サイズあわせの順番ですすんでください。

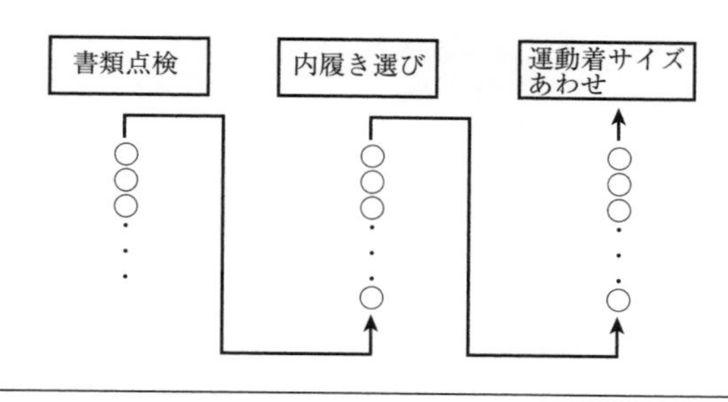

図１

入学予定者 1 人につき，書類点検に 20 秒，内履き選びに 30 秒，運動着サイズあわせに 50 秒かかるとき，次の問いに答えよ。ただし，次の場所への移動時間は考えないものとする。

(1) 図 2 で，［A］は書類点検の時間，［B］は内履き選びの時間，［C］は運動着サイズあわせの時間，←→は待ち時間を表している。例えば，図 2 から，3 番の人の運動着サイズあわせが終わるまでにかかる時間は 200 秒，そのうち待ち時間の合計は 100 秒であることがわかる。1 班から始めるとき，次の問いに答えよ。

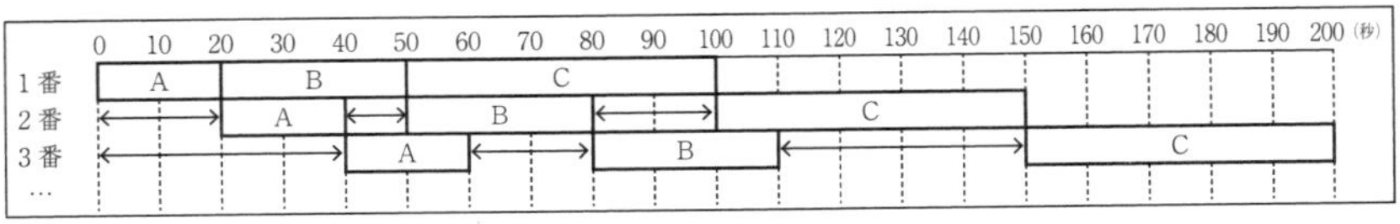

図2

① 7番の人の書類点検が始まるまでの待ち時間は何秒か。

② 10番の人の待ち時間の合計は何秒か。

③ 午前9時に，1番の人の書類点検を始めるとき，37番の人の書類点検が始まる時刻を求めよ。

④ 1班のn番の人の運動着サイズあわせが終わるまでにかかる時間は何秒か。nを用いて表せ。

(2) 午前9時に1班から書類点検を始めるとき，45番の人の運動着サイズあわせが終わる時刻を求めよ。

〈青森・改〉

解答・解説は137p.参照

35　次は，幾何学的な模様に興味を持った優子さんと健太さんとの会話文である。よく読んで，あとの問いに答えよ。

優子：1 辺が 1 cm の正三角形をすき間なく並べてみて，いろいろな大きさの正六角形を作ってみましょうよ。

健太：1 個作ってみたよ。（図 1）

図 1

優子：それは，1 辺が 1 cm の正六角形ね。正三角形を 6 個使っているね。それでは，1 辺が 2 cm の正六角形を作るには，正三角形はいくつ必要かな。

健太：24 個必要だね。（図 2）

図 2

優子：それでは，1 辺が 3 cm の正六角形を作るには，正三角形はいくつ必要かな。

健太：［　ア　］個必要だね。

優子：それぞれの正六角形の 1 辺の長さと正三角形の個数には，何か関係がありそうね。表にまとめると次のようになったよ。

正六角形の 1 辺の長さ（cm）	1	2	3	…
正三角形の個数（個）	6	24	［　ア　］	…

健太：表から，1 辺が 2 cm の正六角形で使われている正三角形の個数は，1 辺が 1 cm の正六角形で使われている正三角形の個数の［　イ　］倍になっていることがわかるね。辺の長さがもっと長くなったらどうなるかな。

優子：辺の長さが違う正六角形はすべて相似な図形だから①相似比を利用すると，正六角形を作るときに必要な正三角形の個数を計算で求めることができるね。

健太：②正六角形の 1 辺の長さと正三角形の個数との関係は，興味深いね。

（1）［　ア　］，［　イ　］に当てはまる数を入れて，会話文を完成させよ。

（2）下線部①について，1 辺が 1 cm の正三角形をすき間なく並べて 1 辺が n cm の正六角形を作る。このとき，必要な正三角形の個数を n を使った式で表せ。

(3) 下線部②について，健太さんは次の問題を作った。この問題に答えよ。

(問題)　1辺が $(n+1)$ cmの正六角形を作るときに必要な正三角形の個数が，1辺が n cmの正六角形を作るときに必要な正三角形の個数よりも138個多いとき，n の値を求めよ。ただし，正六角形は1辺が1cmの正三角形をすき間なく並べて作るものとする。

〈熊本〉

解答・解説は 139p. 参照

36　公園にまっすぐな道があり，その道沿いに，次の手順１にしたがって白の棒と赤の棒を立てていき，その後，手順２にしたがって花を植えていくという作業をおこなう。下の例は，白と赤の棒をあわせて９本使って作業をおこなったときのものである。

【手順１】左端に白の棒を立て，その後，右に向かって，赤と白の棒を交互に立てる。

【手順２】立てた棒と棒の間に，花を２本ずつ植える。ただし，花にはＡ，Ｂ，Ｃの３つの種類があり，この３種類の花を，Ａから始めてＡ，Ｂ，Ｃの順にくり返して，左から右に向かって植えていく。また，隣り合う２本の棒の間には，必ず２本の花を植えるものとする。

このとき，次の問いに答えなさい。

例（白と赤の棒をあわせて９本使って作業をおこなったときの例）

(i)　５本の白い棒と４本の赤い棒を，左から右に向かって，白，赤，白，赤…の順に立てる。

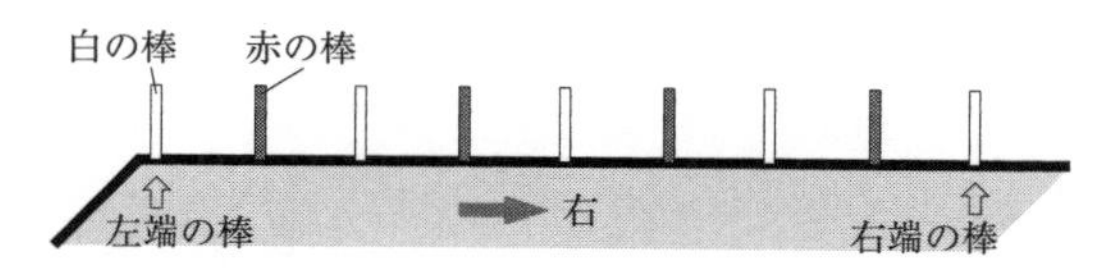

(ii)　棒と棒の間に２本ずつ，全部で16本の花を，左から右に向かって，Ａ，Ｂ，Ｃ，Ａ，Ｂ，Ｃ，Ａ，Ｂ，…の順に植える。

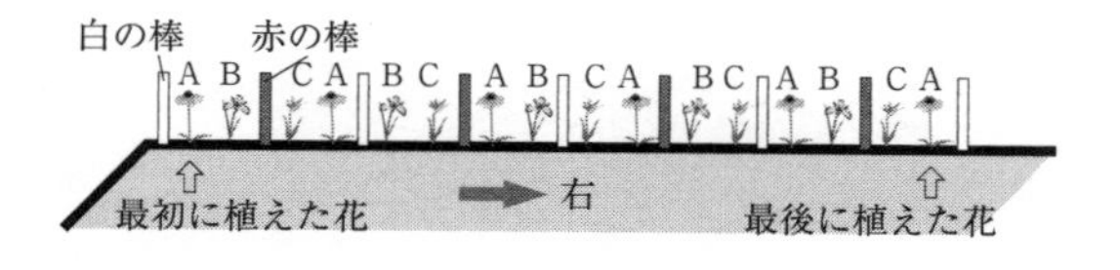

(1)　作業を終えたとき，Ａ，Ｂ，Ｃあわせて，全部で32本の花が植えられていた場合，

① 右端の棒の色と最後に植えた花の種類を書きなさい。ただし，棒の色を書くときは「白」または「赤」の色の名を書き，花の種類を書くときはA～Cの記号を書きなさい。

② この作業で立てた棒の本数は，白と赤をあわせて全部で［ ア ］本である。また，植えた32本の花のうち，白の棒の右隣のAは，最初に植えた花Aと［ イ ］番目に植えた花Aの，全部で3本ある。ア，イにあてはまる数を，それぞれ書きなさい。

(2) 白と赤の棒を n 本ずつ，あわせて $2n$ 本用意し，用意した $2n$ 本の棒を手順1にしたがってすべて立てたあと，手順2にしたがって花を植えていった。この作業で植えた花の本数は，A，B，Cあわせて全部で何本か。その本数を，n を使って表しなさい。

(3) 手順1にしたがって何本かの白と赤の棒を立てたところ，右端の棒の色は白であった。続いて，手順2にしたがって花を植えていったところ，最後に植えた花はAになった。また，この作業で植えた花のうち，白の棒の右隣のAだけ数えると11本であった。この作業の手順1で立てた棒のうち，赤の棒の本数を求めなさい。

〈愛媛〉

解答・解説は141p.参照

37　右の図１のように，縦に３段，横に n 列のマス目がある。次の規則にしたがって，各マス目に数を１つずつ記入する。

記入後，３段目に並んでいる数の合計と，それぞれの列の縦に並んでいる数の合計について，次の問いに答えなさい。

図１

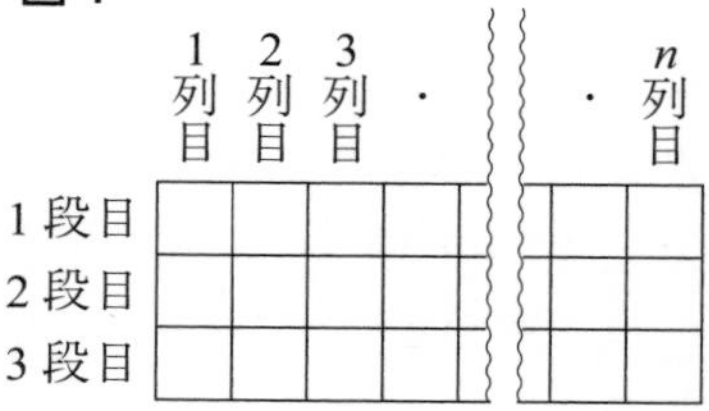

	1列目	2列目	3列目	・	・	n列目
1段目						
2段目						
3段目						

〈規則〉
・1段目には，1列目から順に，0，0，0，1の数を繰り返し記入する。
・2段目には，1列目から順に，0，0，1の数を繰り返し記入する。
・3段目には，1列目から順に，1，0の数を繰り返し記入する。

例えば，$n = 8$ のとき，右の図２のように数が記入され，1列目から8列目までにおいて，3段目に並んでいる数の合計は4である。また，それぞれの列の縦に並んでいる数の合計は，1列目から順に1，0，2，1，1，1，1，1である。

図２

	1列目	2列目	3列目	4列目	5列目	6列目	7列目	8列目
1段目	0	0	0	1	0	0	0	1
2段目	0	0	1	0	0	1	0	0
3段目	1	0	1	0	1	0	1	0

(1) $n = 12$ とする。

① 1列目から12列目までにおいて，3段目に並んでいる数の合計を求めなさい。

② 1列目から12列目までにおいて，縦に並んでいる数の合計が1となる列は何列あるか，求めなさい。

(2) n を奇数とする。

① 1列目から n 列目までにおいて，3段目に並んでいる数の合計を，n を使った式で表しなさい。

② 1列目から n 列目までにおいて，3段目に並んでいる数の合計が27であるとき，n の値を求めなさい。また，このとき，縦に並んでいる数の合計が1となる列は何列あるか，求めなさい。

〈 熊本 〉

解答・解説は 144p. 参照

38 下の図1は，6つの面に1から6までの整数が書かれた立方体であり，向かい合った面に書かれた数の和は7である。図2は，縦 n ますのコースである。ただし，n は2以上の整数とする。図1の立方体を図2のスタート地点A に置き，矢印↓の向きに立方体を転がして隣のます目に移す操作をくり返し，地点B まで移動させる。さらに，地点B からは，矢印→の向きに立方体を転がして隣のます目に移す操作をくり返し，地点C まで移動させる。図3は，立方体をスタート地点A に置くときの置き方と，1回だけ転がしたときの状態を表したものである。

最初に，スタート地点A には1を記録し，立方体を転がすたびに，立方体の上面の数を，ます目に記録していく。$n = 3$ のときは，図4のように記録される。このとき，次の問いに答えなさい。

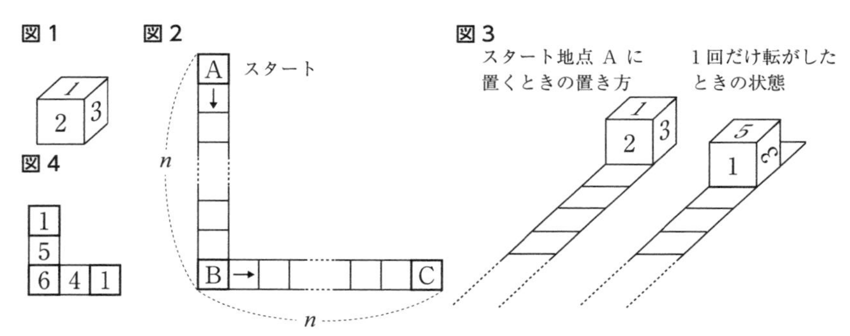

(1) 次の①，②について，すべてのます目の空欄に当てはまる数を，それぞれ書きなさい。

① $n = 4$ のとき　　② $n = 5$ のとき

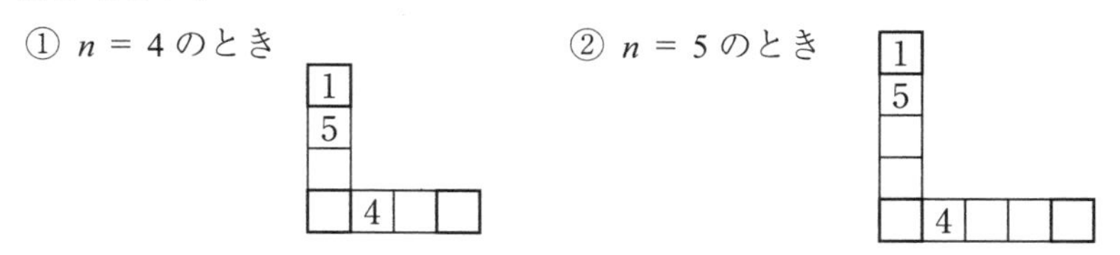

(2) 地点C に4が記録されたとき，地点B に記録された数を答えなさい。

(3) $n = 55$ のとき，コースのすべてのます目に記録された数の和を求めなさい。

〈新潟〉

解答・解説は146p. 参照

39　図１のような，縦 a cm，横 b cm の長方形の紙がある。この長方形の紙に対して次のような【操作】を行う。ただし，a，b は正の整数であり，$a < b$ とする。

> 【操作】
> 長方形の紙から短い方の辺を１辺とする正方形を切り取る。残った四角形が正方形でない場合は，その四角形から，さらに同様の方法で正方形を切り取り，残った四角形が正方形になるまで繰り返す。

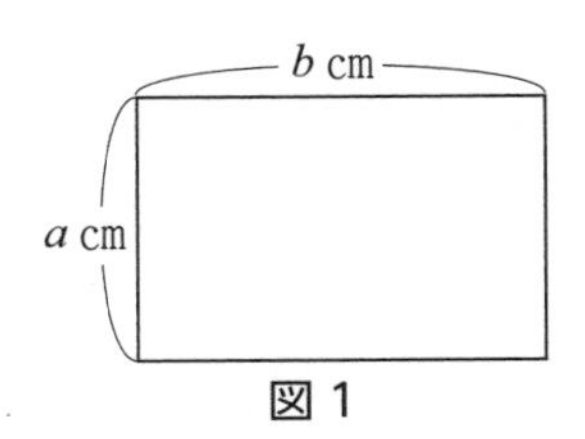

図１

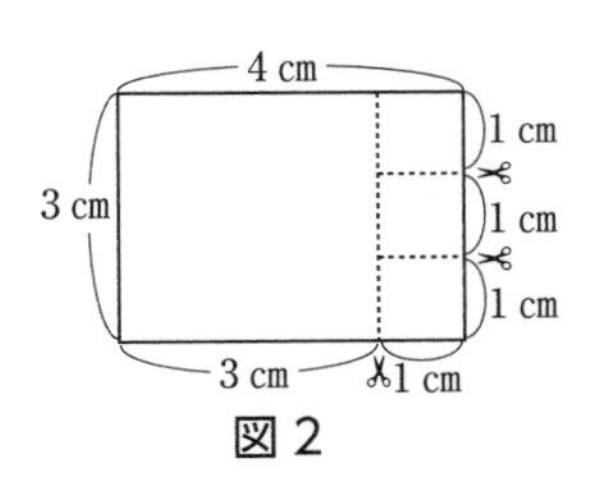

図２

例えば，図２のように，$a = 3$，$b = 4$ の長方形の紙に対して【操作】を行うと，１辺３cm の正方形の紙が１枚，１辺１cm の正方形の紙が３枚，全部で４枚の正方形ができる。

このとき，次の(1)～(4)の問いに答えなさい。

(1) $a = 4$，$b = 6$ の長方形の紙に対して【操作】を行ったとき，できた正方形のうち最も小さい正方形の１辺の長さを求めなさい。

(2) n を正の整数とする。$a = n$，$b = 3n + 1$ の長方形の紙に対して【操作】を行ったとき，正方形は全部で何枚できるか。n を用いて表しなさい。

(3) ある長方形の紙に対して【操作】を行ったところ，３種類の大きさの異なる正方形が全部で４枚できた。これらの正方形は，１辺の長さが長い順に，12cm の正方形が１枚，$x$cm の正方形が１枚，$y$cm の正方形が２枚であった。このとき，x，y の連立方程式をつくり，x，y の値を求めなさい。ただし，途中の計算も書くこと。

(4) $b = 56$ の長方形の紙に対して【操作】を行ったところ，３種類の大きさの異なる正方形が全部で５枚できた。このとき，考えられる a の値をすべて求めなさい。

〈栃木〉

解答・解説は 148p. 参照

40 図1のような1辺1cmの立方体の，色が塗られていない積木Aがたくさんある。これらをすき間がないように並べたり積み上げたりして直方体をつくる。

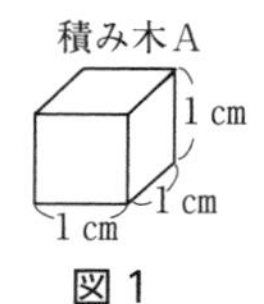

図1

図2のように，垂直に交わる2つの壁とそれらに垂直に交わる床があり，これらの2つの壁と床に，つくった直方体を接するように置く。この直方体の2つの壁と床に接していない残りの3つの面に色を塗り，これを直方体Bとし，縦，横，高さをそれぞれ a cm，b cm，c cmとする。

例えば，図3は $a = 3$，$b = 3$，$c = 2$ の直方体Bであり，色が塗られた面の面積の合計は21cm²となり，1面だけに色が塗られた積木Aは8個となる。

このとき，次の(1)～(3)の問いに答えなさい。

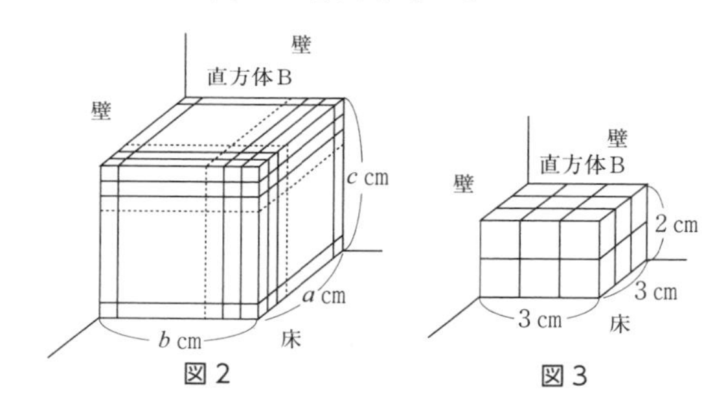

図2　図3

(1) $a = 4$，$b = 5$，$c = 3$ である直方体Bについて，次の①，②の問いに答えなさい。

① 用いた積木Aの個数を求めなさい。

② 色が塗られた面の面積の合計を求めなさい。

(2) 底面が正方形で，$c = 5$ である直方体Bについて，1面だけに色が塗られた積木Aは65個であった。このとき，底面の正方形の1辺の長さを x cmとして方程式をつくり，x の値を求めなさい。ただし，途中の計算も書くこと。

(3) 84個の積木Aをすべて用いて直方体Bをつくる。このとき，ちょうど2面に色が塗られる積木Aは何個か。考えられる個数のうち最も少ない個数を求めなさい。

〈栃木〉

解答・解説は150p. 参照

41　下の図１のような，縦５cm，横８cmの長方形の紙Ａがたくさんある。Ａをこの向きのまま，図２のように，m 枚を下方向につないで長方形Ｂをつくる。次に，そのＢをこの向きのまま，図３のように，右方向に n 列つないで長方形Ｃをつくる。

長方形の【つなぎ方】は，次の（ア），（イ）のいずれかとする。

【つなぎ方】

（ア）幅１cm 重ねてのり付けする。
（イ）すきまなく重ならないように透明なテープで貼る。

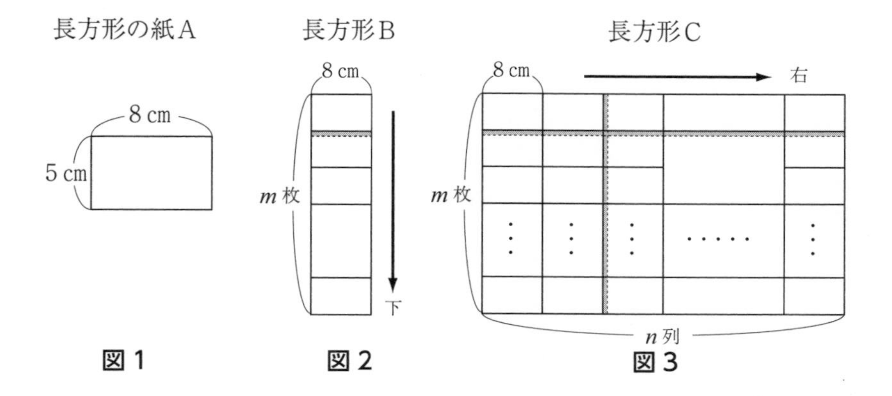

図１　図２　図３

例えば，図４のように，Ａを２枚，（ア）で１回つないでＢをつくり，そのＢを４列，（ア）で１回，（イ）で２回つないで長方形Ｃをつくる。このＣは，$m=2$，$n=4$ であり，縦の長さが９cm，横の長さが31 cmとなり，のり付けして重なった部分の面積は39 cm²となる。

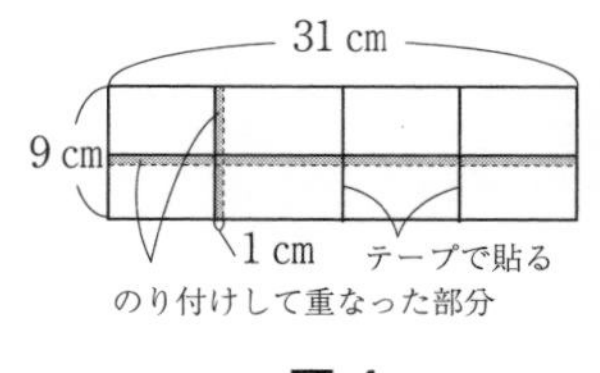

図４

このとき，次の(1)～(4)の問いに答えなさい。

(1)【つなぎ方】は，すべて（イ）とし，$m=2$，$n=5$ のＣをつくった。
このとき，Ｃの面積を求めなさい。

(2)【つなぎ方】は，すべて（ア）とし，$m = 3$，$n = 4$ のCをつくった。
このとき，のり付けして重なった部分の面積を求めなさい。

(3) Aをすべて（ア）でつないでBをつくり，そのBをすべて（イ）でつないでCをつくった。Cの周の長さを ℓ cmとする。右方向の列の数が下方向につないだ枚数より4だけ多いとき，ℓ は6の倍数になる。このことを，m を用いて証明しなさい。

(4) Cが正方形になるときの1辺の長さを，短い方から3つ答えなさい。

〈栃木〉

解答・解説は151p. 参照

42　AB ＝ a cm，AD ＝ b cm（a，b は正の整数）の長方形 ABCD がある。

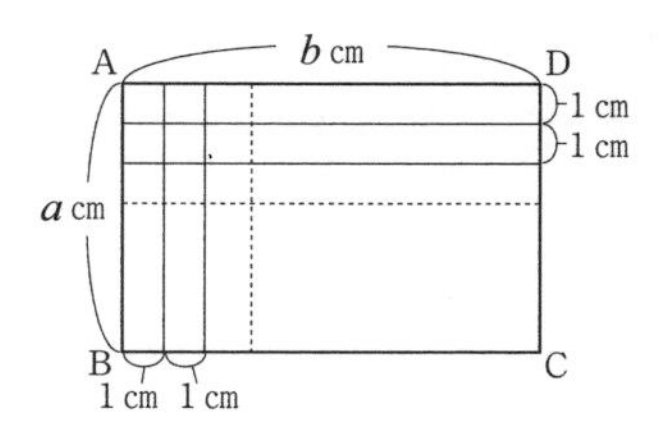

図 1

図 1 のように，辺 AB と辺 DC の間にそれらと平行な長さ a cm の線分を 1 cm 間隔にひく。同様に，辺 AD と辺 BC の間に長さ b cm の線分を 1 cm 間隔にひく。

さらに，対角線 AC をひき，これらの線分と交わる点の個数を n とする。ただし，2 点 A，C は個数に含めないものとし，対角線 AC が縦と横の線分と同時に交わる点は，1 個として数える。

また，長方形 ABCD の中にできた 1 辺の長さが 1 cm の正方形のうち，AC が通る正方形の個数を考える。ただし，1 辺の長さが 1 cm の正方形の頂点のみを AC が通る場合は，その正方形は個数に含めない。

例えば，図 2 のように a ＝ 2，b ＝ 4 のときは，n ＝ 3 となり，AC が通る正方形は 4 個である。図 3 のように，a ＝ 2，b ＝ 5 のときは，n ＝ 5 となり，AC が通る正方形は 6 個である。

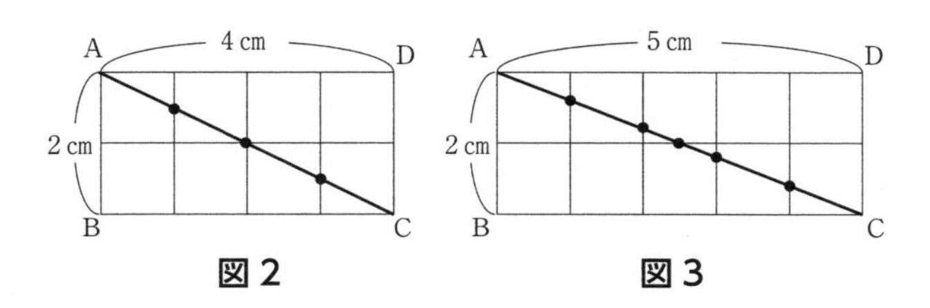

図 2　　**図 3**

このとき，次の（1），（2）の問いに答えなさい。

（1） a ＝ 3，b ＝ 4 のとき，次の①，②の問いに答えなさい。

① n の値を求めなさい。

② AC が通る正方形の個数を求めなさい。

（2） b の値が a の値の 3 倍であるとき，長方形 ABCD の中にできた 1 辺の長さが 1 cm のすべての正方形の個数から，AC が通る正方形の個数をひくと 168 個であった。このとき，a の方程式をつくり，a の値を求めなさい。ただし，途中の計算も書くこと。

〈栃木・改〉

解答・解説は 153p. 参照

43 棒状の磁石と鉄球をたくさん用意し，それらを写真1や写真2のように長方形状に組み合わせた。図1は写真1を模式的に表した図形であり，縦，横，斜めの線分の長さをそれぞれ3 cm，4 cm，5 cmの長方形とする。図2は写真2を模式的に表した図形であり，図2の中には，図1の長方形が縦に2段，横に3列ある。

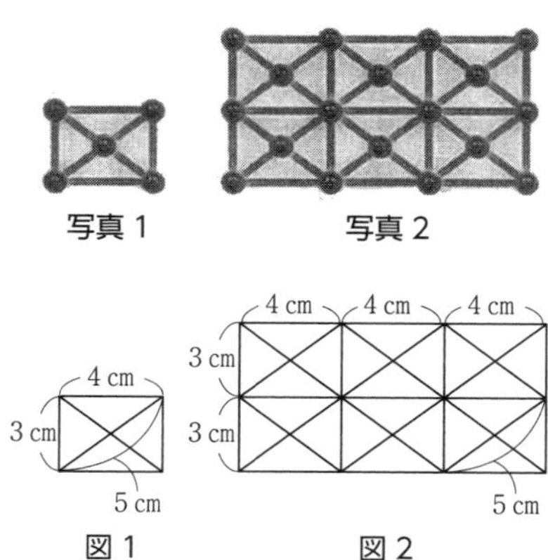

図1　図2

この図形を「2段3列の図形」とよぶことにする。このように，図1の長方形が縦にa段，横にb列ある図形を「a段b列の図形」とよぶ。また，鉄球が使われている部分を，図形では「交点」とよぶ。

ここでは，図形における「交点」の個数や縦，横，斜めの線分の長さの合計を考える。例えば，図2では，「交点」の個数は18個であり，縦，横，斜めの線分の長さをそれぞれ合計すると，24 cm，36 cm，60 cmとなる。

このとき，次の(1)～(3)の問いに答えなさい。

(1)「3段4列の図形」について考える。次の①，②の問いに答えなさい。

① 「交点」の個数を求めなさい。

② 斜めの線分の長さの合計を求めなさい。

(2) 縦の段の数が横の列の数よりも2だけ多い図形があり，「交点」の個数は111個である。横の列の数をxとして方程式をつくり，xの値を求めなさい。ただし，途中の計算も書くこと。

(3) 斜めの線分の長さの合計が280 cmである図形のうち，縦の線分の長さと横の線分の長さの合計が最も小さくなる図形は「何段何列の図形」か。

〈栃木〉

解答・解説は154p.参照

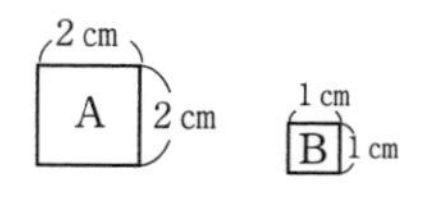

図１

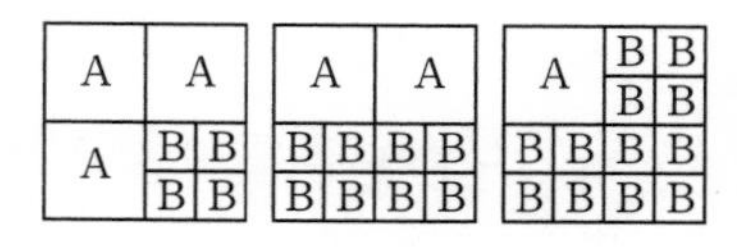

図２

44　図１のような，１辺の長さが２ cm の正方形の紙Ａと，１辺の長さが１ cm の紙Ｂがある。ＡとＢをどちらも１枚以上用い，これらをすき間なく重ならないように並べて正方形をつくる。

　このとき，ＡとＢの並べ方に関係なく，それぞれ並べた枚数について考える。

　例えば，１辺の長さが４ cm の正方形は，図２のように，Ａを３枚とＢを４枚並べた場合，Ａを２枚とＢを８枚並べた場合，Ａを１枚とＢを 12 枚並べた場合がある。

　次の(1)～(3)の問いに答えなさい。

(1)　Ａを２枚用いて，１辺の長さが５ cm の正方形をつくるには，Ｂは何枚必要か。

(2)　ＡとＢを用いて，１辺の長さが６ cm の正方形をつくる。このとき，ＡとＢの枚数の組み合わせは何通りあるか。

(3)　ＡとＢを用いて，１辺の長さが a cm（a は奇数）の正方形をつくる。Ａを最も多く用いたとき，図３のように，$a = 3$ の正方形を１番目の正方形，$a = 5$ の正方形を２番目の正方形，$a = 7$ の正方形を３番目の正方形，……とする。

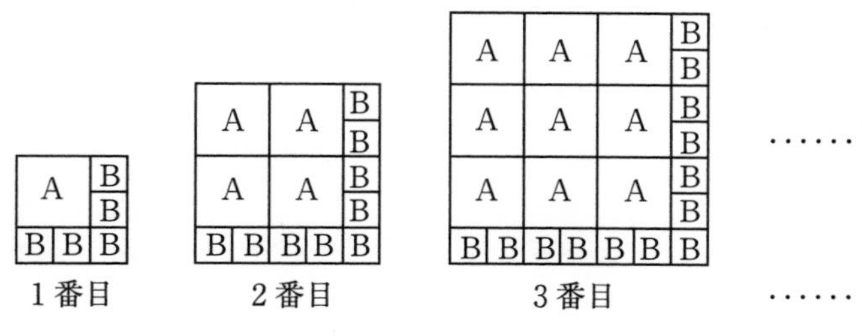

図３

このとき，次の①，②の問いに答えなさい。

① n 番目の正方形をつくったところ，AとBを用いた枚数の合計が61枚であった。このとき，n についての方程式をつくり，n の値を求めなさい。ただし，途中の計算も書くこと。

② AとBをそれぞれ何枚か用いて，m 番目の正方形だけをいくつかつくる。これらをすき間なく重ならないように並べて，縦の長さが180 cm，横の長さが270 cmの長方形をつくるとき，考えられる m の値のうち，最も大きい値を求めなさい。

〈栃木〉

解答・解説は 156p. 参照

45　図１のような片方の面が白でもう片方の面が黒のメダルが何枚かある。また，図２のように１から10までの数が１つずつ書かれた10枚のカードがあり，この中から何枚かを同時にひき，それらのカードに書かれた数の和を求め，次の【操作】を行う。ただし，１枚だけひくときは，そのカードに書かれた数を和とする。

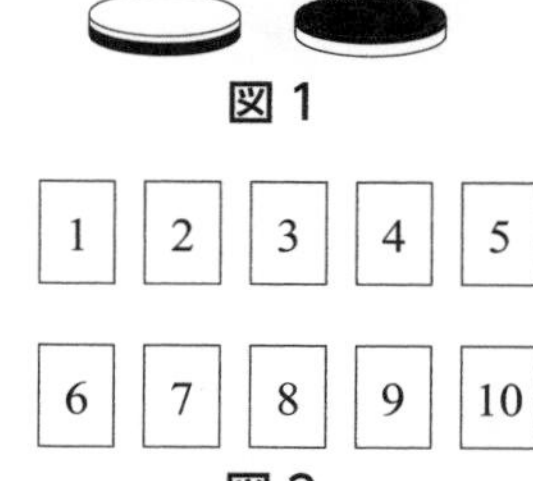

図１
図２

【操作】 最初にすべてのメダルを白が上になるように横一列に並べる。カードに書かれた数の和の枚数だけ，メダルを左端から右へ順に１枚ずつ裏返していく。ただし，右端のメダルまで裏返しても，裏返そうとしている枚数に足りないときは，左端のメダルにもどり裏返し続けるものとする。

メダルの色については，メダルの上の面の色を考えるものとする。

例えば，図３のように，メダルが全部で５枚あり，3と4の２枚のカードをひいたときは７枚裏返すことになるから，【操作】が終了すると，メダルは左から２番目までは白で，その他は黒になる。

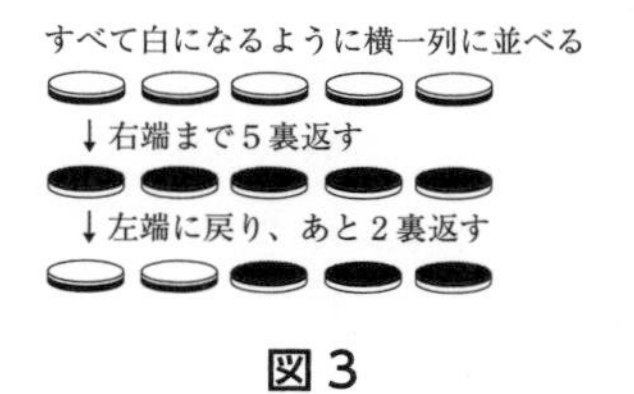

図３

このとき，次の（1），（2）の問いに答えなさい。

（1）メダルが全部で５枚あるとき，次の①，②の問いに答えなさい。

① カードを１枚だけひいて【操作】を行う。【操作】が終了したとき，４枚のメダルが黒になる確率を求めなさい。

② カードを２枚ひいて【操作】を行う。

【操作】が終了したとき，メダルは図４のようになった。２枚のカードそれぞれに書かれて

図４

いる数として，考えられるものを 1 組書きなさい。

(2) A さんはメダルを 10 枚，B さんはメダルを n 枚持っている。A さんがカードを何枚かひき，A さん，B さんそれぞれが【操作】を行う。例えば，A さんがひいたカードに書かれた数の和が 3 のとき，A さんも 3 枚，B さんも 3 枚，自分のメダルをそれぞれ裏返すことになる。

このとき，次の①，②の問いに答えなさい。

① A さんは右端のメダルを白から黒に 2 度目に裏返したところで【操作】が終了した。また，B さんは左から 2 番目のメダルを白から黒に 3 度目に裏返したところで【操作】が終了した。このとき，n についての方程式をつくり，n の値を求めなさい。ただし，途中の計算も書くこと。

②【操作】が終了したとき，A さん，B さんともに，すべてのメダルが黒になった。考えられる n の値をすべて求めなさい。ただし，n は 10 より小さい自然数とする。

〈栃木〉

解答・解説は 158p. 参照

46　図１のような１辺の長さが１cmの立方体があり，向かい合う面には同じ数が書かれている。図２のような縦 a cm，横 b cm（a，b は２以上の整数）の長方形の紙があり，立方体をそのＡ地点に置き，矢印の方向に長方形の辺に沿って，Ｂ地点まで転がして移動させる。ただし，立方体をＡ地点に置くときには，図３のような向きで置く。立方体を転がすたびに，長方形の紙と接した立方体の面に書かれている数を長方形の紙に記録していく。Ａ地点にはあらかじめ１が書かれている。例えば，$a = 3$，$b = 4$ のとき，図４のように数が記録される。

このとき，次の(1)〜(3)の問いに答えなさい。

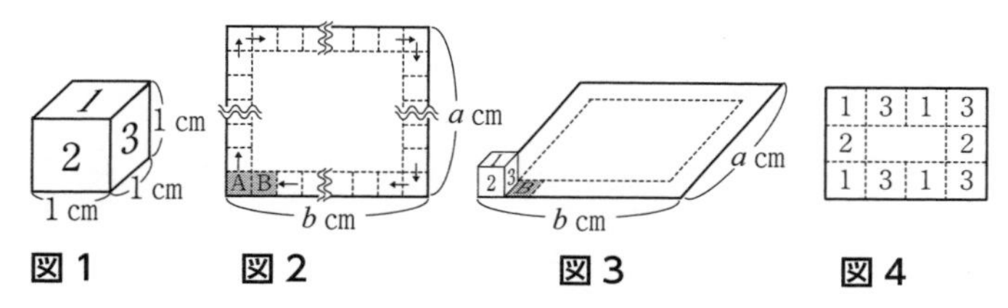

(1) $a = 2$，$b = 3$ のとき，長方形の紙に記録される数を書きなさい。

(2) $a = 99$，$b = 101$ のとき，長方形の紙に２は何回記録されるか。

(3) 長方形の紙に記録された数の和について考える。ただし，Ａ地点の１も加えるものとする。

① $a = 2x + 1$（x は自然数），$b = 20$ のとき，和は124であった。このとき，x の方程式をつくり，x の値を求めなさい。ただし，途中の計算も書くこと。

② 図５のように，$a = 5$，$b = 7$ のときの和と，$a = 4$，$b = 7$ のときの和は等しい。このように，１つの b の値に対して，a の値が異なっても，和が等しくなる場合がある。b が７でない奇数のとき，次の ア ， イ にあてはまる数を求めなさい。

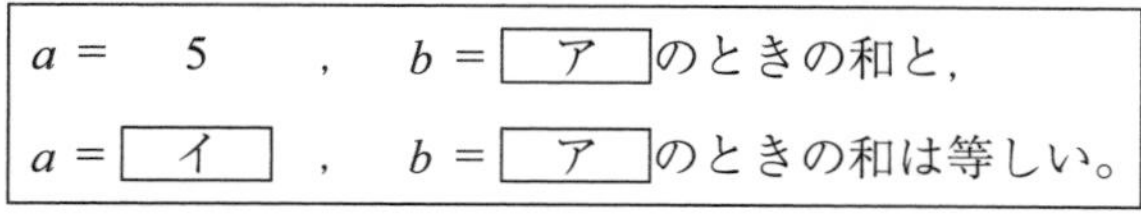

〈栃木〉

$a=5$，$b=7$

1	3	1	3	1	3	1
2						2
1						1
2						2
1	3	1	3	1	3	1

$a=4$，$b=7$

2	3	2	3	2	3	2
1						1
2						2
1	3	1	3	1	3	1

図５

解答・解説は161p.参照

47　図1のような対角線の長さが4 cmの正方形の薄い紙がある。この紙の2本の対角線によって区切られた部分を，図2のように黒と白で塗り，図2と同じ向きに，何枚かを横一列に置いて長方形をつくる。ただし，1枚目を置いた後，2枚目，3枚目，…を次の【置き方】で置く。

> 【置き方】
> （ア）直前に置かれた紙の右に，すき間なく重ならないように置く。
> （イ）直前に置かれた紙のちょうど右半分がかくれるように，重ねて置く。

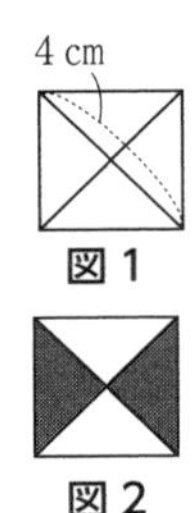

図1

図2

例えば，全部で4枚の紙を置いて長方形をつくるとき，2枚目から4枚目までを順に（ア），（イ），（イ）で置くと，図3のような長方形になる。

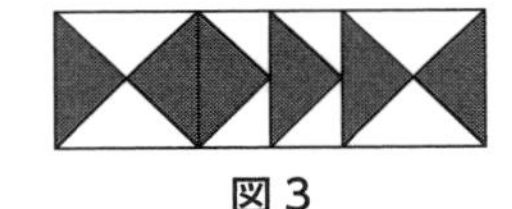
図3

このとき，次の（1），（2）の問いに答えなさい。

図4

(1) 全部で5枚の紙を置いて長方形をつくるとき，次の①，②の問いに答えなさい。

① 2枚目から5枚目を順に（ア），（イ），（ア），（イ）で置いたとき，長方形のなかに，直角をはさむ2辺の長さが2 cmの白い二等辺三角形はいくつあるか。

② 2枚目から5枚目までを順に（イ），（イ），（ア），（ア）で置いたとき，長方形の横の長さを求めなさい。

(2) 図2のように塗った紙をAとする。また，図1の紙を図4のように黒と白で塗った紙をBとする。AとBを何枚かずつ用い，図2，図4と同じ向きに置いて長方形をつくる。ただし，2枚目からは上の【置き方】で置く。いま，AとBを全部で10枚用い，2枚目から10枚目をすべて（イ）で置いた。10枚目はAで，長方形の黒い部分の面積の合計が26 cm²であった。このとき，Aの枚数をx枚，Bの枚数をy枚として方程式をつくり，A，Bの枚数をそれぞれ求めなさい。ただし，途中の計算も書くこと。

〈栃木・改〉

解答・解説は164p.参照

48　図1のように，1目盛りが1 cmの方眼紙の上に，半径1 cmの円を中心が点Pに重なるように置く。この円に次の（Ⅰ），（Ⅱ）の操作を行う。

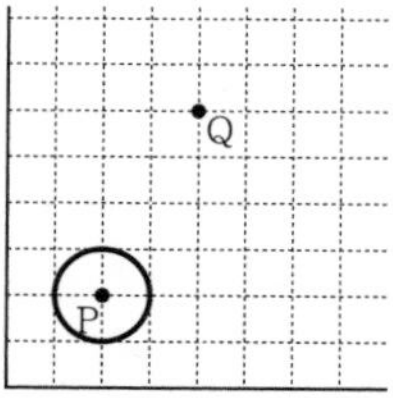

図1

シールA　シールB

図2

操作
（Ⅰ）中心を右に1 cm移動させる。
（Ⅱ）中心を上に2 cm移動させる。

ただし，円の中心は方眼紙の目盛りの線上を移動するものとする。

これらの操作を何回か行った後，円が通過した部分に，図2のような半径1 cmで中心角90°のおうぎ形のシールAと，1辺の長さが1 cmの正方形のシールBを，重ならないように，すきまなくはるものとする。

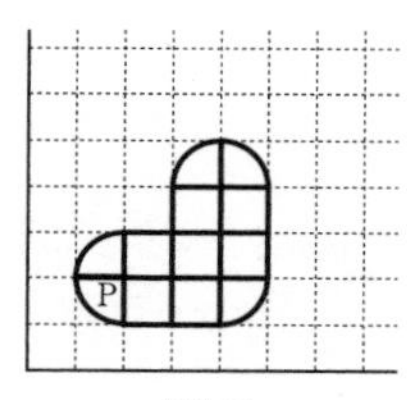

図3

例えば，（Ⅰ），（Ⅰ），（Ⅱ）の順で操作を行い，円が通過した部分にシールをはると，図3のようになる。この場合は，シールAが5枚，シールBが7枚必要となる。

このとき，次の(1)～(3)の問いに答えなさい。

(1)（Ⅰ）の操作を2回行ったとき，シールA，Bはそれぞれ何枚必要か。

(2) 1枚の硬貨を投げて，表が出たら（Ⅰ），裏が出たら（Ⅱ）の操作を行うこととする。硬貨を4回投げるとき，円の中心が図1の点Qに移動する確率を求めなさい。

(3)（Ⅰ）を連続して m 回，次に（Ⅱ）を連続して n 回，あわせて30回の操作を行ったところ，シールAが5枚，シールBが85枚必要であった。このとき，m，n の連立方程式をつくり，m と n の値を求めなさい。ただし，途中の計算も書くこと。

〈栃木・改〉

解答・解説は165p.参照

49 図1のように，平面上に垂直に交わる2本の直線ℓ，mをひき，交点に黒の碁石を置いた。ℓおよびℓに平行な直線を横線，mおよびmに平行な直線を縦線と呼ぶことにする。横線をひくときは，それまでにひいた横線の上側にひき，縦線をひくときは，それまでにひいた縦線の右側にひく。また，横線と縦線は必ず交わるようにひく。このとき，次の規則に従って交点に碁石を置く。

> 規則
> ア）横線をひいたとき，縦線との交点には白の碁石を置く。
> イ）縦線をひいたとき，横線との交点には黒の碁石を置く。

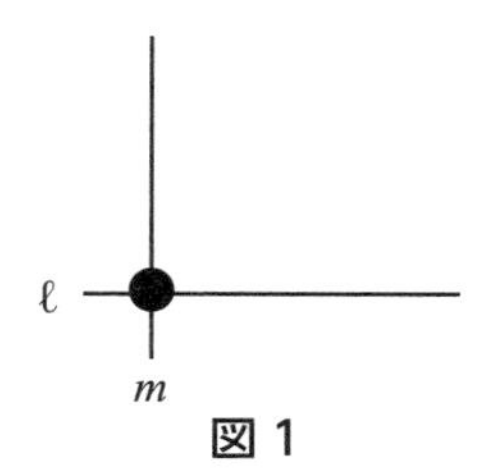

図1

例えば，図1の状態に縦線，横線，縦線の順に線をひくと，碁石の並び方は図2のようになる。

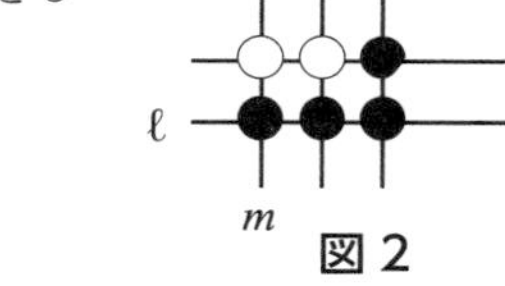

図2

このとき，次の(1)～(3)の問いに答えなさい。

(1) 図1の状態に縦線，縦線，横線の順に線をひいたとき，置かれた白の碁石の個数を求めなさい。

(2) 図1の状態に横線2本，縦線2本をいろいろな順にひくとき，置かれる白黒の碁石の並び方は全部で何通りあるか。

(3) 操作Aを次のように定め，規則に従って操作Aをくり返し行うとき，次の①，②の問いに答えなさい。ただし，1回目の操作Aは図1の状態に行い，2回目以降の操作Aは，直前の操作Aが終わった状態に行う。

> 操作A：横線を連続してa本ひき，次に縦線を連続してa本ひく。

① $a=3$のとき，操作Aをn回くり返し行った。このとき，n回目の操作で新たに置かれた白の碁石の個数を求めなさい。

② 操作Aを5回くり返し行った。図1で置いた黒の碁石もふくめて，黒の碁石の個数は，白の碁石の個数より246個多かった。このとき，aの値を求めなさい。ただし，途中の計算も書くこと。　〈栃木〉

解答・解説は167p.参照

50　形も大きさも同じ半径1 cmの円盤がたくさんある。これらを図1のように，縦m枚，横n枚（m，nは3以上の整数）の長方形状に並べる。このとき，4つの角にある円盤の中心を結んでできる図形は長方形である。さらに，図2のように，それぞれの円盤は×で示した点で他の円盤と接しており，ある円盤が接している円盤の枚数をその円盤に書く。例えば，図2は$m = 3$，$n = 4$の長方形状に円盤を並べたものであり，円盤Aは2枚の円盤と接しているので，円盤Aに書かれる数は2となる。同様に，円盤Bに書かれる数は3，円盤Cに書かれる数は4となる。また，$m = 3$，$n = 4$の長方形状に円盤を並べたとき，すべての円盤に他の円盤と接している枚数をそれぞれ書くと，図3のようになる。

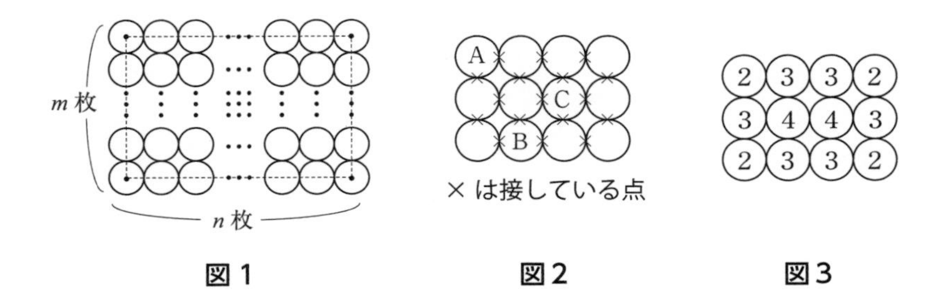

図1　図2　図3

このとき，次の（1）～（4）の問いに答えなさい。

（1）$m = 4$，　$n = 5$のとき，3が書かれた円盤の枚数を求めなさい。

（2）$m = 5$，　$n = 6$のとき，円盤に書かれた数の合計を求めなさい。

（3）$m = x$，　$n = x$のとき，円盤に書かれた数の合計は440であった。このとき，xについての方程式をつくり，xの値を求めなさい。ただし，途中の計算も書くこと。

（4）次の文の①，②，③に当てはまる数を求めなさい。ただし，a，bは2以上の整数で，$a < b$とする。

$m=a+1$ ，$n=b+1$ として，円盤を図1のように並べる。4つの角にある円盤の中心を結んでできる長方形の面積が780㎠となるとき，4が書かれた円盤の枚数は，$a=$（　①　），$b=$（　②　）のとき最も多くなり，その枚数は（　③　）枚である。

〈栃木〉

解答・解説は 170p. 参照

第３章

演習編（解答・解説）

1

問題 26p. 参照

【解答】（1）65 ㎠　（2）$8n+1$ ㎠　（3）$n=21$

【解説】（1）8 枚の紙をつなぎ合わせたとき，のりしろは何ヶ所できますか？

これは植木算の「間の数」の考え方ですね。

ですから，のりしろは 7 ヶ所。

正方形 1 枚の面積は $3 \times 3 = 9$ ㎠，のりしろ 1 ヶ所につき $1 \times 1 = 1$ ㎠ですから，8 枚の正方形の紙をつなぎ合わせたときにできた図形の面積は，

$9 \times 8 - 1 \times 7 = 65$（㎠）。

これは解きやすい問題でしたね。

（2）n 枚の紙をつなぎ合わせると，のりしろは何ヶ所できますか？

「間の数」ですから，（$n-1$）ヶ所ですね。

よって求める面積は，$9 \times n - 1 \times (n-1) = 8n+1$（㎠）

（3）（2）より，$8n+1=169$ が成り立ちますから，これを解いて，

$n=21$

すこし簡単すぎましたか？

でも，まずはこういう問題が確実にできることが大切です。

2

問題 27p. 参照

【解答】① 22 cm　② $6n-2$ cm

【解説】① 図を描いて数えれば22 cmとわかりますが（図1），図の点線部分を動かすと，長方形の周を求めるのと同じになるのがわかりますか（図2）。
このようにして，$(4+7)\times 2=22$（cm）とも求められますね。

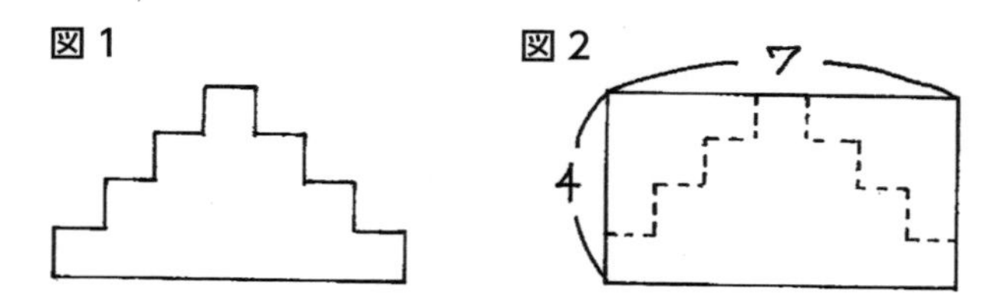

② n番目の図形の辺を，①のように動かして長方形にしてみると，図3のようになります。よって周の長さは，$\{n+(2n-1)\}\times 2=6n-2$（cm）。

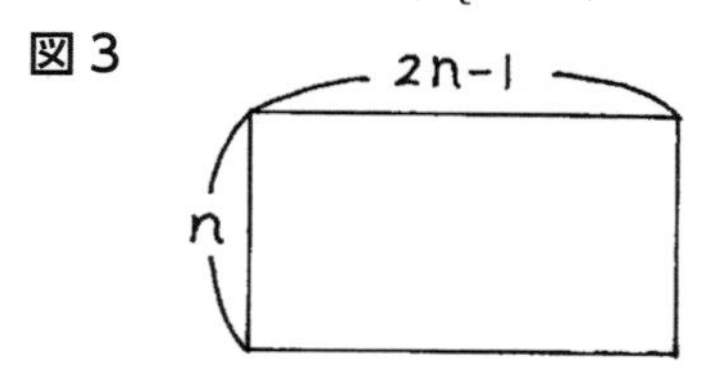

また，表のように周の長さは6ずつ増えていって，1番目からn番目の「間の数」は（$n-1$）だから，$4+6(n-1)=6n-2$でもいいですね。

番数（番目）	1	2	3	4
周の長さ（cm）	4	10	16	22

あるいは，x番目の周の長さをy cmとする1次関数とみて，変化の割合6だから，$y=6x+b$。これに例えば$x=1$のとき，$y=4$を代入すれば，$b=-2$。$y=6x-2$という式が得られます。$x=n$のときだから，$6n-2$。

3

問題 28p. 参照

【解答】（1）36, n^2　（2）63 枚

【解説】(1) 問題を見て，パッと，四角数（平方数）の問題だとわかりましたか。

6 段目に書かれている最も大きな自然数はもちろん，6 段目の右端の数ですね。

各段の右端の数は，$1^2 = 1$，$2^2 = 4$，$3^2 = 9$…と，四角数になっています。

したがって，6 段目に書かれている最も大きな自然数は，$6^2 = 36$。

n 段目ならば，n^2 ですね。

(2) 正三角形の板を 1024 枚使うと，何段の大きな正三角形が作れるのでしょうか。

$32^2 = 1024$ ですから，正三角形の板を 1024 枚使った大きな三角形は 32 段目まであることがわかります。

32 段目に並ぶ板の枚数は，(32 段目までに並ぶ枚数) − (31 段目までに並ぶ枚数) ですから，$32^2 - 31^2 = 1024 - 961 = 63$ (枚) となります。

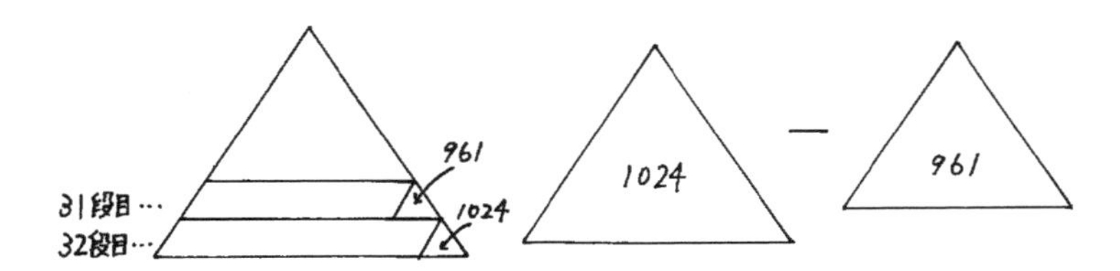

また，こんな考え方でもいいかもしれません。

四角数というのは，1，1 + 3，1 + 3 + 5，1 + 3 + 5 + 7 +…というように，1 から奇数を足した数でしたね。

すると，32 段目に並ぶ正方形の数は…小さい方から 32 番目の奇数ではありませんか？

n 番目の奇数は $2n - 1$ と表せますから，$2 \times 32 - 1 = 63$ とも求められます。

4

問題29p.参照

【解答】（1）4番目の正方形41個，10番目の正方形221個

（2）白石 n^2 個，黒石 $(n+1)^2$ 個，$n=21$

【解説】（1）とてもシンプルな，四角数（平方数）の問題です。

白石は1番目の正方形から順に，$1^2=1$ 個，$2^2=4$ 個，$3^2=9$ 個となっていますから，4番目には $4^2=16$ 個。

黒石は1番目の正方形から順に，$2^2=4$ 個，$3^2=9$ 個，$4^2=16$ 個となっていますから，4番目には $5^2=25$ 個。

したがって，その和は $16+25=41$ 個です。

10番目も同様に考えればいいですね。

白石は $10^2=100$ 個，黒石は $11^2=121$ 個ですから，その和は221個。

（2）白石は n^2 個，黒石は $(n+1)^2$ 個。これはいいですよね？

すると，$n^2+(n+1)^2=925$ が成り立ちます。

これを解くと，$n=-22,\ 21$　$n>0$ より $n=21$

5　問題30p. 参照

【解答】（1）-8　（2）$a+2b$　（3）一番目の数5，２番目の数4

【解説】（1）これは順に数えていきましょう。

3番目… $-2+1=-1$

4番目… $1+(-1)=0$

5番目… $-1+0=-1$

6番目… $0+(-1)=-1$

7番目… $-1+(-1)=-2$

8番目… $-1+(-2)=-3$

9番目… $-2+(-3)=-5$

10番目… $-3+(-5)=-8$

（2）3番目の数は$a+b$ですから，4番目の数は，$b+(a+b)=a+2b$となります。

（3）1番目の数をa，2番目の数をbとすると，（2）で考えたように，4番目の数について，$a+2b=13$…①が成り立ちます。

それ以降も文字で表していきましょう。

5番目… $(a+b)+(a+2b)=2a+3b$

6番目… $(a+2b)+(2a+3b)=3a+5b$

7番目… $(2a+3b)+(3a+5b)=5a+8b$

8番目… $(3a+5b)+(5a+8b)=8a+13b$

よって8番目の数について，$8a+13b=92$…②

①，②を解いて，$a=5$，$b=4$となります。

6　問題31p.参照

【解答】（1）31　（2）6　（3）$8n+7$

【解説】（1）　3番目のとき，見ることのできる面の展開図は図1のようになります。

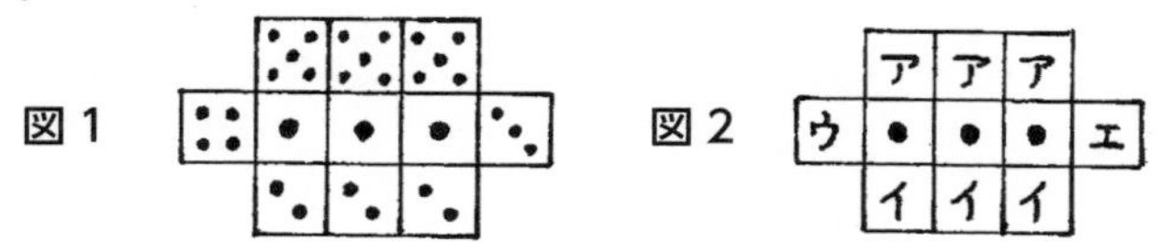

サイコロの向かい合う面の数の和が7になっていることに気づけば，
（ア＋イ）＝7，（ウ＋エ）＝7なので，$\underset{7が4組}{\underline{7\times4}}+\underset{1が3つ}{\underline{1\times3}}=31$とも求められますね（図2)。

(2)「見ることができる目の数の和」は，15，23，31…というように，8ずつ増えていますね。すると，1番目の15からイ番目の55までに8が何回足されるかを求めると，$(55-15)\div8=5$。5回足される（つまり「間の数」が5）ということは，イにあてはまる値は6ですね。

(3) 1番目の数が15で,「見ることができる目の数」は8ずつ増えます。
では，1番目からn番目までに，8は何回増えますか？
つまり，1番からn番までの「間の数」です。
そうですね，$(n-1)$回ですね。すると，1番目の数が15で，n番目までに8が$(n-1)$回増えますから，ウに当てはまる値は，
$15+8(n-1)=8n+7$

また，これは等差数列ですから，1次関数の問題としても解けます。
x番目の「見ることができる目の数」をyとすると，変化の割合が8ですから，$y=8x+b$。これに例えば，$x=1$のとき$y=15$を代入すると，$15=8\times1+b$より，$b=7$。　$y=8x+7$となりますから，$x=n$のとき，$y=8n+7$

7

問題 32p. 参照

【解答】（1） $4n^2$　（2） 871

【解説】（1） 正方形の右上すみの位置にくる数字は1番目から順に，$2^2 = 4$，$4^2 = 16$，$6^2 = 36$…となっていますね。よって，n 番目の正方形の右上すみの位置にくる数字は，$(2n)^2 = 4n^2$ となります。

(2) 15番目の正方形の右上すみの位置にくる数字はいくつでしょうか？

(1) と同様に考えて，$(2 \times 15)^2 = 900$ ですね。

では，15番目の正方形の1辺にはいくつの数が並びますか？

1番目の正方形には2つ，2番目には4つ，3番目には6つ…ですから，15番目の正方形には30並びますね。すると，図のように，右下すみの位置にくる数字は，右上すみの900よりも29小さい数ですから，$900 - 29 = 871$ と求めることができます。

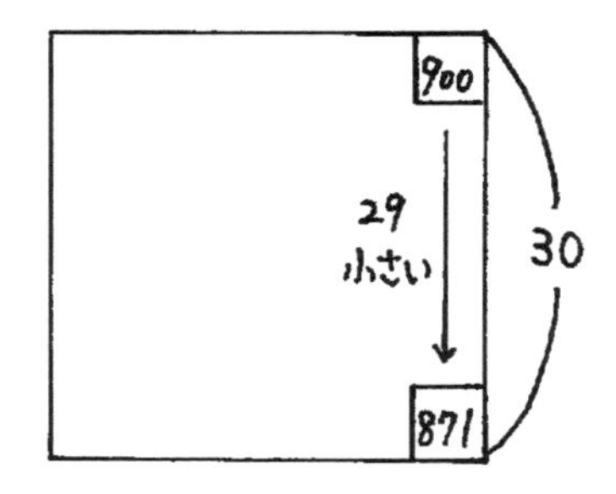

8

問題 33p. 参照

【解答】（1）17 枚　（2）$4n-2$ 枚

【解説】（1）（白，黄，赤，赤）の４枚のカードを１組として，これが 35 枚の中に何組あるかを考えればいいですね。

$35 \div 4 = 8$ あまり３　よって，35 枚の中に（白，黄，赤，赤）が８組あり，カードは９組目の３番目まで並ぶということがわかります。

赤のカードは１組に２枚あり，９組目については３番目のカードが赤ですから，すべての赤のカードは，$2 \times 8 + 1 = 17$（枚）となります。

（2）黄色のカードは１組に１枚ずつあります。ですから，黄色のカードが n 枚あったということは，最後の黄色のカードは（白，黄，赤，赤）の n 組目の２番目ですよね？

さて，仮に（白，黄，赤，赤）の４枚のカードを n 組並べたとすると，n 組目の最後の赤のカードは，はじめから数えて何枚目のカードにあたりますか？

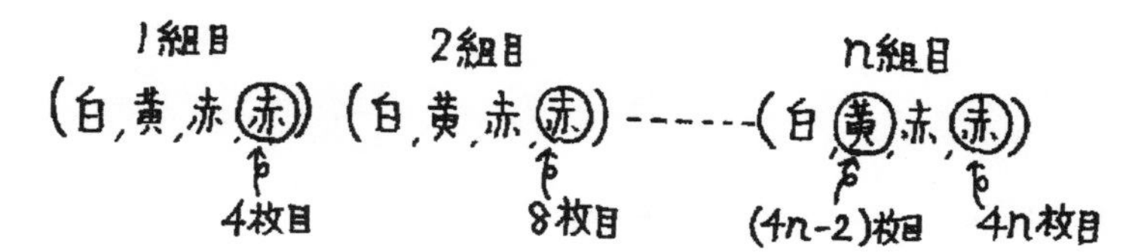

図のように考えると，n 組目の最後の赤が $4n$ 枚目にあたりますね。

したがって，n 組目の２番目である黄色はそれよりも２枚前ですから，

$4n-2$ 枚目とわかります。

9 問題 34p. 参照

【解答】（1）14 個　（2）16 枚　（3）連立方程式 $x + y = 20$，$2x + 3y = 47$
上の段 13 枚，下の段 7 枚

【解説】(1) 等差数列の問題ですね。上の段について，画用紙の枚数とマグネットの個数を表にしてみます。

画用紙の枚数（枚）	1	2	3	…
マグネットの個数（個）	4	6	8	…

マグネットの個数は，はじめに 4 個あり，画用紙が 1 枚増えるごとに 2 個ずつ，6 枚目までに 5 回増えますから，$4 + 2 \times 5 = 14$ 個と求められます。
ちなみに，画用紙 n 枚のときのマグネットの個数は？
$4 + 2 \times (n - 1) = 2n + 2$ 個ですね。

(2) 下の段についても表を作ってみます。

画用紙の枚数（枚）	1	2	3	…
マグネットの個数（個）	4	7	10	…

画用紙 n 枚のときのマグネットの個数を求めましょう。
$4 + 3(n - 1) = 3n + 1$ 個ですね。
すると，$3n + 1 = 50$ より，$n = 16\frac{1}{3}$ したがって，マグネット 50 個ではることのできる画用紙は最大 16 枚までです。

(3) まず，画用紙の枚数について，$x + y = 20$（枚）ですね。
次に，上の段で使うマグネットの数ですが，これは（1）で考えたように，
$2x + 2$ 個と表せます。下の段についても同様に，$3y + 1$ 個です。
したがって，使用するマグネットの合計が 50 個のとき，
$(2x + 2) + (3y + 1) = 50$ ですから，$2x + 3y = 47$（個）が成り立ちます。
これを解いて，$x = 13$，$y = 7$ となります。

10

問題 35p. 参照

【解答】（1）30　（2）$\frac{107}{5}$　（3）$5n - 26$

【解説】（1）$7 = \frac{35}{5}$，$8 = \frac{40}{5}$ ですから，その間に並ぶ数は，$\frac{36}{5}$，$\frac{37}{5}$，$\frac{38}{5}$，$\frac{39}{5}$ の 4 つ。　したがって，その和は，$\frac{36}{5} + \frac{37}{5} + \frac{38}{5} + \frac{39}{5} = \frac{150}{5} = 30$

（2）$5 = \frac{25}{5}$ を 1 番目として，分子の数だけを考えます。
分子の数は，25，26，27…と 1 つずつ増えていきますね。
すると 83 番目の数までに，植木算でやった**「間の数」**は（83 − 1）＝ 82 ありますから，83 番目の数の分子は，25 ＋ 1 × 82 ＝ 107
よって，83 番目の数は，$\frac{107}{5}$ ですね。

（3）$5 = \frac{25}{5}$，$6 = \frac{30}{5}$ で，その間に並んでいる数は 4 個というのですが，これって，植木算の「両端に植えないとき」の考え方だとわかりますか。

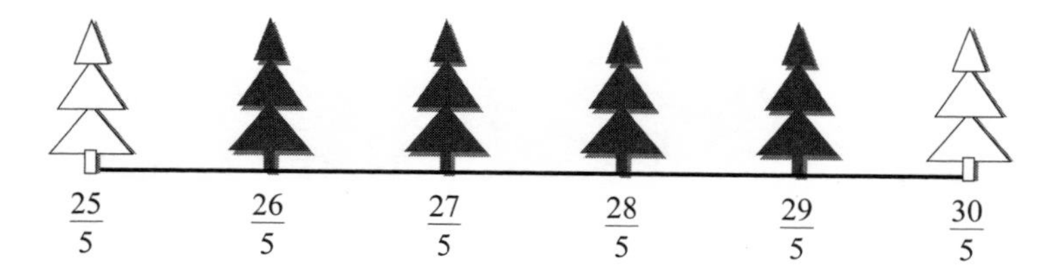

分子だけ考えてみると，25 から 30 までの「間の数」は 30 − 25 ＝ 5
「両端に植えないとき」の木の本数は？覚えていますか？
そう，「間の数」− 1 でしたね。5 − 1 ＝ 4（本）。
この問題も同じように考えてみます。

$5 = \frac{25}{5}$ から $n = \frac{5n}{5}$ までの「間の数」はいくつですか。

はい,（$5n - 25$）ですね。

すると, 25 から $5n$ までの数は何個ありますか？

そう,「間の数」$- 1$ ですから,（$5n - 25$）$- 1 = 5n - 26$ ですね。

11 問題 36p. 参照

【解答】82 枚

【解説】この問題は色々な解き方があると思いますから，色々と別解を考えてみてください。数学は別解を考えることで大きく力がつきます。

解法 1）　**図 1**

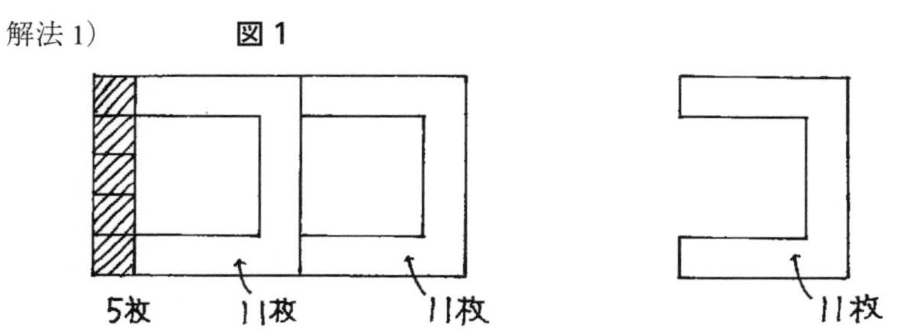

図 1 のように，まず左端に 5 枚の黒タイルがあり，そこから「コ」の字型に黒タイルが 11 枚ずつ増加していると見ます。
すると，白タイル 7 枚を囲むときの黒タイルは，$5 + 11 \times 7 = 82$（枚）と求められます。
ちなみに，白タイルを n 枚囲むときの黒タイルの枚数は？
$5 + 11 \times n = 11n + 5$（枚）ですね。

解法 2）　**図 2**　**図 3**

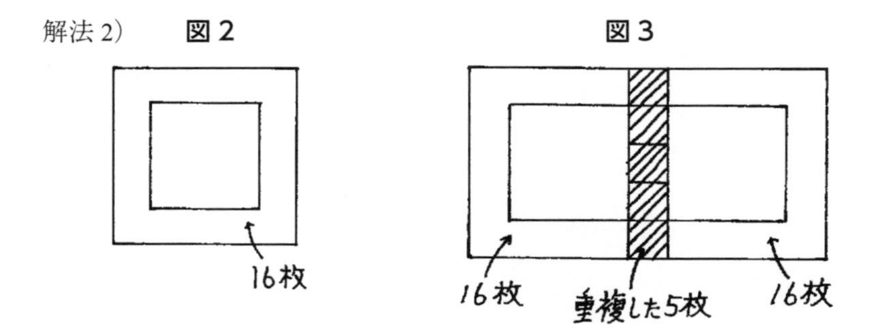

図 3 は，図 2 の「口」の字の黒タイル 16 枚が 2 組あり，その間に 5 枚が重複したと考えると，$16 \times 2 - 5 = 27$（枚）。

同様に考えると，例えば白タイル7枚を囲むときは，「口」の字型の16枚が7つ，間の5枚が6ヶ所ですから，$16 \times 7 - 5 \times 6 = 82$（枚）。
この場合，白タイルn枚を囲むときの黒タイルの枚数は？
植木算と見て，重複する「間の数」は（$n - 1$）ですね。
$16 \times n - 5(n - 1) = 11n + 5$（枚）と求められます。

解法3）
黒タイルが白タイル7枚を囲むとき，図4のような長方形を考えてみます。

図4

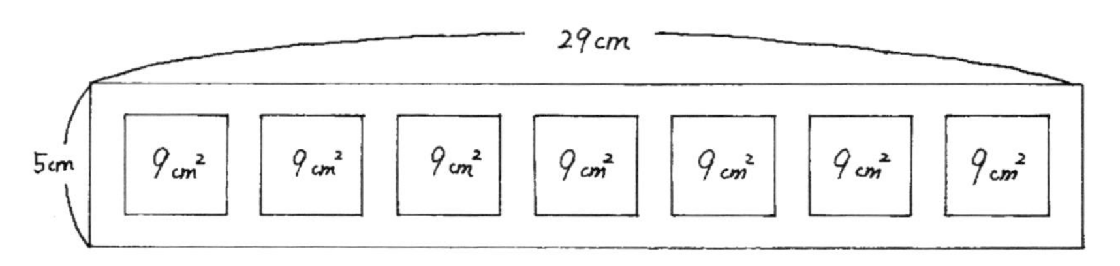

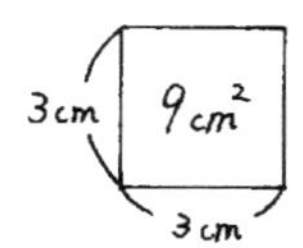

黒タイル1枚の面積は1㎠。
白タイル1枚の面積は9㎠です。
すると，黒タイルの面積は，
（長方形の面積）－（白タイル7枚分の面積）となりませんか？
よって，$5 \times 29 - 9 \times 7 = 82$（㎠）より，82枚と求められます。

12

問題 37p. 参照

【解答】（1）15　（2）8 枚　（3）103

【解説】（1）まず，7 列目の 1 段目の数から考えてみましょう。

1 段目には奇数が並ぶから，1，3，5，7，9，11，13 と数えていけばわかりますね。13 です。すると，7 列目の 3 段目の数は，13 + 2 = 15 ですね。　別解としては，3 段目を横に見てみるというのはどうでしょう。3 列目の 3 段目が 7，4 列目が 9，5 列目が 11 となっているので，そこから数えて 7 列目は 15 というのもありですね。

（2）n 列目の 1 段目が 43 のときを考えてみましょうか。

1 段目は奇数が並びますから，n 列目の 1 段目の奇数は $2n - 1$ と表せます。

$2n - 1 = 43$ より，$n = 22$。つまり 22 列目の 1 段目に 43 がきます。

次に，n 列目の n 段目が 43 のときを考えてみます。

例えば，5 列目の 5 段目の数は，5 列目の 1 段目の 9 に 4 を足した数ですよね。

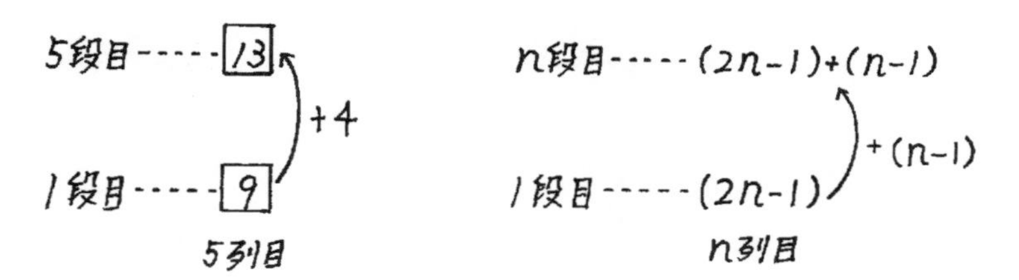

すると，n 列目の n 段目の数は，n 列目の 1 段目である $2n - 1$ にいくつ足したものかというと…… $n - 1$ ですね。n 段から 1 段までの「間の数」と等しいですから。

よって，n 列目の n 段目の数は，$(2n - 1) + (n - 1) = 3n - 2$ と表せます。

$3n - 2 = 43$ より，$n = 15$

したがって，43 は 15 列目から 22 列目までに表れますから，その枚数は，
$22 - 14 = 8$（枚）となります。

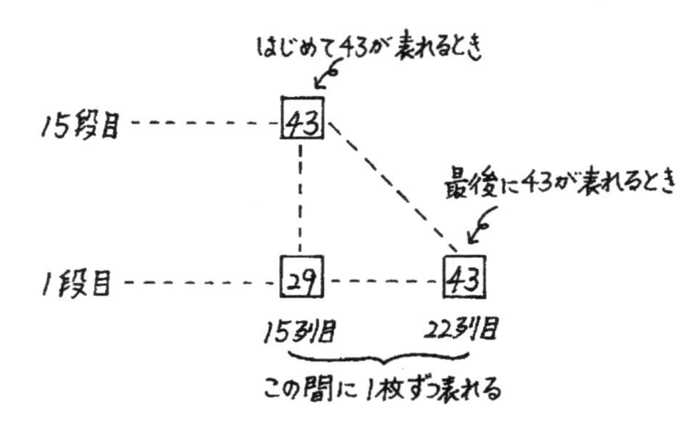

(3) n 列目の 1 段目のカードは $2n - 1$ ですから，3 枚のカードは $2n - 1$，$2n$，$2n + 1$ ですね。

3 枚のカードの数の和が 210 ですから，

$(2n - 1) + 2n + (2n + 1) = 210$ より，$n = 35$

するとこの問題は，35 列目のカードの中で一番大きい数を求めればいいことになりますね。これはさっき (2) でやったのと同じ。

n 列目には n 段目までカードが並びますから，n 列目の一番大きい数は $3n - 2$ でした。よって，$3n - 2$ に，$n = 35$ を代入して，$3 \times 35 - 2 = 103$

13　問題 38p. 参照

【解答】問１（1）緑　（2）34 個　問２（1）（ア）3（イ）2　（ウ）17
（エ）$3a-2$　（2）赤

【解説】問１（1）この問題，もちろん地道に 20 番目で数えていって…という解き方でも構いません。そういう数え上げていくやり方というのは，それはそれで有効なことが多いですから。

ただ，図２から何か規則を見つけてみると，（赤，緑，青）を１組として，この３色が繰り返されていることがわかりますね。基礎編の「組」のタイプの問題です。

すると，$20 \div 3 = 6$ あまり 2。…この 6 は何でしたか？

（赤，緑，青）の組が 20 番目までに 6 組あるということですよね。

あまり 2 ということから，20 番目の円の色は 7 組目の 2 番目，つまり「緑」とわかりますね。

（赤，緑，青）　（赤，緑，青）　…　（赤，緑，青）　（赤，㊋緑，青）
1 組目　2 組目　6 組目　7 組目の 2 番目

（2）100 番目までに（赤，緑，青）の組は何組あるかというと，

$100 \div 3 = 33$ あまり 1 ですから，33 組あるとわかります。あまり 1 というのは，100 番目の円が 34 組目の 1 番目にあたる，ということですね。

すると，各組に赤は 1 つずつあって，34 組目の 1 番目は赤ですから，赤の円の数は全部で…$33 + 1 = 34$（個）となりますね。

問２（1）（ア）は 7 行目の赤の円の個数で，（イ）は 7 行目の青の円の個数。

こういうのは 7 行目を実際に描いてみるのがいいですね。

まず，7 行目の一番左側の色。つまり，「直線 l に最も近い色」は 1 行目から，赤，緑，青，赤，緑，青…となっていますから，赤ですね。

すると 7 行目は左から，(赤)，(緑)，(青)，(赤)，(緑)，(青)，(赤)と，7 個の円が並びます。したがって，（ア）は 3，（イ）は 2 となりますね。

さて，（ウ）です。これは「直線 l に最も近い色」が緑のときですね。
表をよく見ると，「直線 l に最も近い色」が緑のときは，**緑の円と青の円の個数が等しくなっている**のがわかりますか。
すると，表で＊になっている青の色の円は 6 個とわかりますから，
（ウ）は $5 + 6 + 6 = 17$ となります。

次に（エ）。まず，☆行目のときの赤の円の個数が a で，★行目のときの赤の円の個数が $a - 1$ ということから，☆行目の「直線 l に最も近い色」が何色だかわかりますか？　表をよく見ると…見えてきますね。
そう，赤ですよね。
すると，☆行目の「緑の円の個数」と「青の円の個数」は？
はい，「赤の円の個数」よりも 1 個少なくなりますから，ともに $a - 1$。
したがって，（エ）は，$a + (a - 1) + (a - 1) = 3a - 2$ となります。

(2) 251 行目の「直線 l に最も近い色」って，何色でしょうか。
問 1 と同様に考えて，$251 \div 3 = 83$ あまり 2。
（赤，緑，青）の 84 組目の 2 番目の色ですから，緑とわかりますね。
251 行目は左から，緑，青，赤，緑，青，赤，緑…となりますから，今度は（緑，青，赤）を 1 組と考えましょう。左端から 21 番目の色は，$21 \div 3 = 7$ より，7 組目の最後の色だとわかります。よって，赤。

14

問題 40p. 参照

【解答】（1）4 個　（2）24　（3）$16a-8$　（4）$n=232$

【解説】（1）16 は，2 の倍数，4 の倍数，8 の倍数，16 の倍数という 4 つの条件にあてはまっていますから，●印は 4 個。

（2）●印が 3 個ついているカードというのは，8 の倍数ですね。
8 の倍数は，8，16，24…ですが，16 は●印が 4 個だから，小さいほうから 2 枚目は 24 のカードです。

（3）2 でやったように，●印がちょうど 3 個ついているカードというのは，8 の倍数であり，かつ 16 の倍数ではない数です。
8 の倍数は，8，16，24，32，40…
16 の倍数は，16，32，48…
よって，このような数は，8，24，40…となります。

これは「公差」が 16 の等差数列ですね。
等差数列の n 番目の数＝ 1 番目の数＋公差×（$n-1$）でしたから，a 枚目のカードの番号は，$8+16(a-1)=16a-8$　となります。

また，等差数列は 1 次関数の考え方でも解けますね。x 枚目のカードの番号を y とすると，変化の割合が 16 ですから，まず $y=16x+b$ とおきます。
1 番目の数は 8 ですから，これに $x=1$ のとき $y=8$ を代入して b を求めると，
$8=16\times1+b$ より，$b=-8$。
したがって，$y=16x-8$。
a 枚のときは $16a-8$ となります。

(4) 番号が1から n までに，2の倍数，4の倍数，8の倍数，16の倍数がいくつあるかを考えましょう。

2の倍数は $\dfrac{n}{2}$ 個，4の倍数は $\dfrac{n}{4}$ 個，8の倍数は $\dfrac{n}{8}$ 個，16の倍数は $\dfrac{n}{16}$ 個ですね。

すると，$\dfrac{n}{2}+\dfrac{n}{4}+\dfrac{n}{8}+\dfrac{n}{16}=217$ が成り立ちますから，

$n=231\dfrac{7}{15}$　n は偶数ですから，$n=232$ となります。

15　問題 41p. 参照

【解答】（1）31　（2）9 行目で 9 列目　（3）$n^2 - n + 1$

【解説】（1）実際に書いてみれば 31 とわかりますが，次のような規則からも求めることができます。

1 行目の数について，2 列目は $2^2 = 4$，4 列目は $4^2 = 16$，6 列目は $6^2 = 36$ となりますから，6 行目で 6 列目の数は $36 - 5 = 31$

または，1 列目の数について，1 行目は $1^2 = 1$，3 行目は $3^2 = 9$，5 行目は $5^2 = 25$ となりますから，6 行目で 6 列目の数は $25 + 6 = 31$

（2）1 行目で 8 列目の数は $8^2 = 64$ ですから，73 はそこから 9 番目の数。

したがって，9 行目で 9 列目とわかります。

（3）例えば，3 行目で 3 列目の数は，$3^2 - 2 = 7$

4 行目で 4 列目の数は，$4^2 - 3 = 13$

このように考えると，n 行目で n 列目の数は，$n^2 - (n - 1) = n^2 - n + 1$ となります。

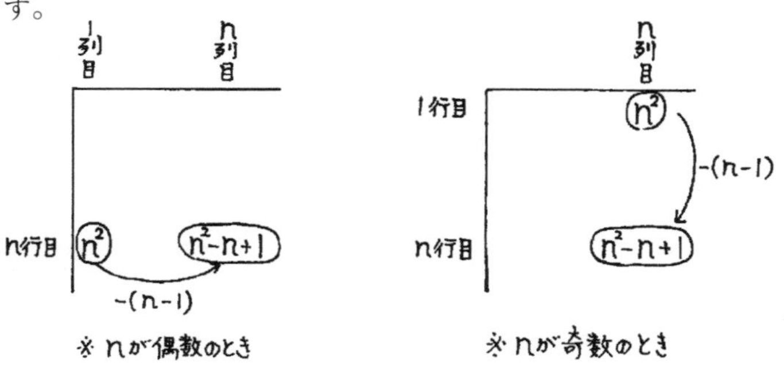

16

問題 42p. 参照

【解答】(1) ① 60 本　② $2n^2 + 2n$ 本　(2) $4n^2 + 8n + 4$ 本

【解説】(1) ① 3 番目の図形を下の図のように見ると，縦方向に 3 本× 4 列の 12 本，横方向にも 3 本× 4 列の 12 本あることがわかります。合計で $12 \times 2 = 24$（本）です。

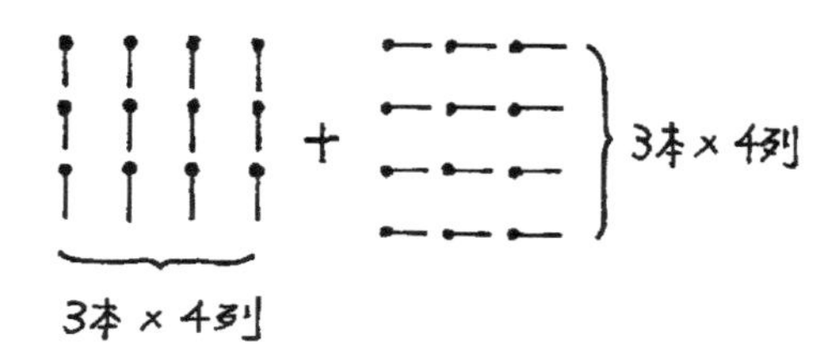

5 番目の図形も同様に考えると，縦方向，横方向にそれぞれ，5 本× 6 列の 30 本が並びますから，合計で $30 \times 2 = 60$（本）となります。

② n 番目の図形には，縦方向，横方向にそれぞれ $n \times (n + 1)$ 列並びますね。よって全部で，$n \times (n + 1) \times 2 = 2n^2 + 2n$（本）。

(2) とりあえず，マッチ棒の本数を数えてみましょう。まずは実際に数えてみる。これ，大事なことです。それで何か規則が見つかることが多いですから。
1 番目は 16 本，2 番目は 36 本，3 番目は 64 本ですね。何か気づきますか。
1 番目は 4^2，2 番目は 6^2，3 番目は 8^2 となっているんですね。
したがって n 番目は $(2n + 2)^2 = 4n^2 + 8n + 4$。

別解としては，下の図のように考えてもよいかもしれません。

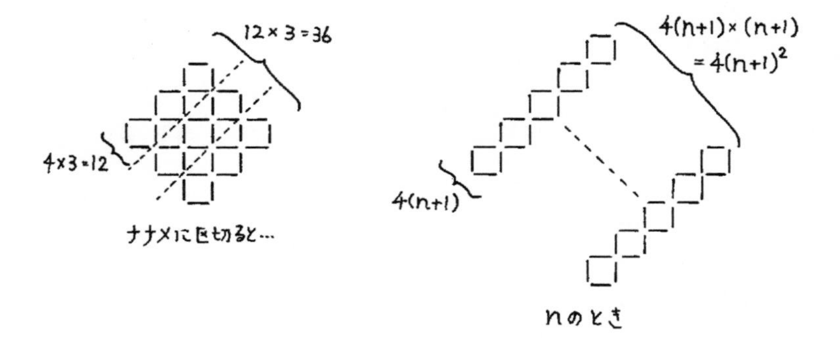

17　問題 43p. 参照

【解答】（1）① 14 個　② 12 個　（2）20 個　（3）24 枚
（4）$3mn - m - n - 1$

【解説】（1）①　図を描いてみましょう。横に 6 枚並べるとき，画びょうは縦に 2 個，横に 7 個使いますから，$2 \times 7 = 14$（個）。これは，植木算の両端に植えるパターンですね。

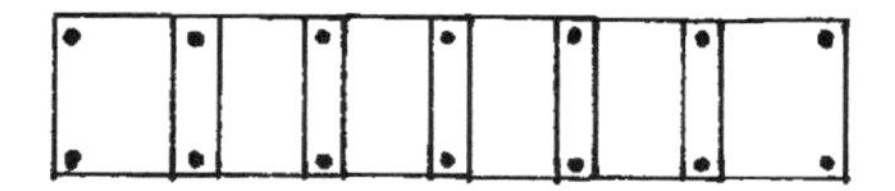

② 図のように，画びょうは縦に 3 個，横に 4 個並びますから，$3 \times 4 = 12$（個）ですね。

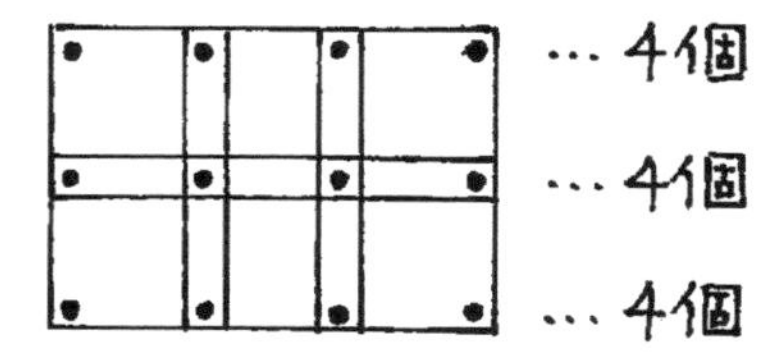

（2）使用する画びょうの個数が最も少ない並べ方は図のようになりますね。
いずれも $4 \times 5 = 20$（個）必要です。

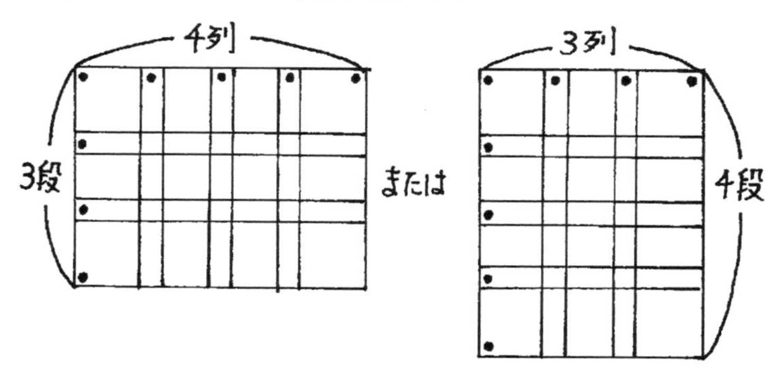

(3) 画びょうを35個使うということは，縦×横（または横×縦）が5×7になるということです（$35 = 1 \times 35$または5×7ですが，1×35の場合，縦に1個しか画びょうを使わないことになり，そのような画用紙のとめ方は不可能）。画びょうを縦×横に5×7個使うとき，画用紙は縦に4枚，横に6枚並びますね。したがって，$4 \times 6 = 24$(枚)の画用紙を掲示したとわかります。

(4) これまでの問題から，図4のように画用紙を縦にm段，横にn列並べるときの画びょうの個数を考えてみましょう。
画用紙を縦にm段並べるとき，縦方向に使う画びょうの数は？
そう，$m + 1$個です。植木算の両端に並べるパターン。
同様に考えて，画用紙を横にn列並べるとき，横方向に使う画びょうの数は，$n + 1$個。したがって，全部で，$(m + 1)(n + 1)$個と表すことができます。

さて，画用紙を重ねずに，すべての画用紙を1枚につき4個の画びょうでとめると，図のようになります。

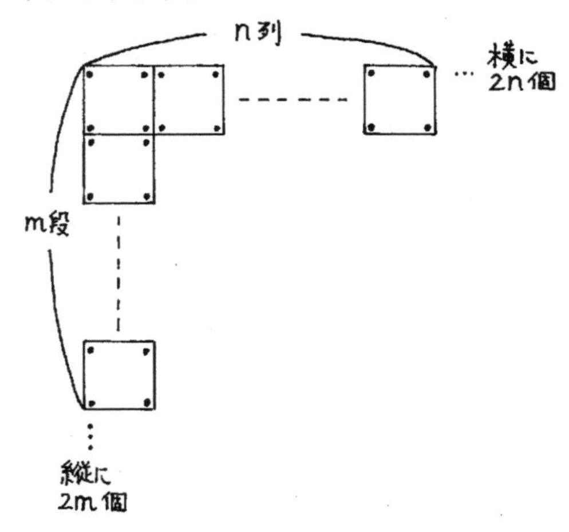

画びょうは縦に$2m$個，横に$2n$個使いますから，全部で$2m \times 2n = 4mn$個。
したがって，その差は，$4mn - (m + 1)(n + 1) = 3mn - m - n - 1$（個）。
見た目は難しそうですが，植木算の考え方ができれば解けますね。

18 問題 45p. 参照

【解答】（ア）31 個　（イ）$n = 8$

【解説】（ア）例えば，円が 3 つあるとき，1 つの直線との交点は 1 つの円につき 2 ヶ所だとわかりますね（図 1）。
すると，点Aを除いて考えると，直線 1 本につき交点は全部で $2 \times 3 = 6$(個) です。ここまではいいですか？

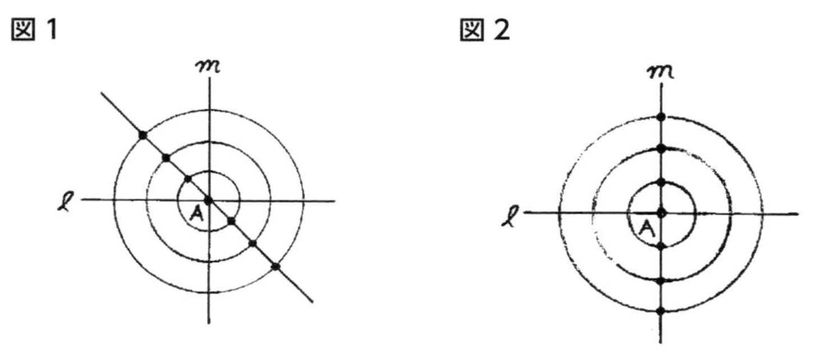

ちなみに，この問題では，直線 m や ℓ も直線の 1 つと考えますよ（図 2）。

さて，$n = 3$ のときです。直線の数は，m や ℓ も合わせて 5 本あると考えます。ここがポイント。したがって，点Aも加えて，直線が 5 本あるときの交点は全部で，$2 \times 3 \times 5 + 1 = 31$（個）となります。

（イ）交点が 161 個のとき，点Aを除くと，「円と直線が交わる点」は 160 個です。
さて，円 1 個につき，1 本の直線との交点は 2 個でしたね。
では，円が n 個のとき，1 本の直線との交点の数は？
はい，$2n$ 個ですね。
では，円が n 個のとき，交わる直線の数はいくつですか？ n 本でしょうか？
いや，直線 m や l も加えますから，$n + 2$ 本ですね。
したがって，円と直線が交わる点について，$2n \times (n+2) = 160$ が成り立ちます。
$2n^2 + 4n = 160$ より，$(n + 10)(n - 8) = 0$　$n > 0$ だから，$n = 8$

19

問題 46p. 参照

【解答】（1）①（ア）140　（イ）200　② $y = 60x + 20$　③ $x = 83$
（2）$a = 75$　（3）$n = 5k + 1$

【解説】（1）①（ア）$80 + 60 = 140$　（イ）$80 + 60 \times 2 = 200$

② 等差数列の問題です。
柵の長さ y cm は，鉄材が x 個のとき，はじめの 80 cm に 60 cm が（$x - 1$）回付け足された長さですから，$y = 80 + 60(x - 1) = 60x + 20$ と表せます。

また，y は x の 1 次関数ですから，変化の割合が 60 より，$y = 60x + b$。
これに，例えば $x = 1$ のとき $y = 80$ を代入すると，
$80 = 60 \times 1 + b$ より，$b = 20$。$y = 60x + 20$ と求められます。

③ $y = 60x + 20$ に，$y = 5000$ を代入して求めます。
$5000 = 60x + 20$ より，$x = 83$

（2）（1）－②で考えたように，柵の長さ y cm は，鉄材の個数が x 個のとき，はじめの 80 cm に a が（$x - 1$）回付け足された長さですから，
$y = 80 + a(x - 1)$ と表せますね。
これに $x = 45$，$y = 3380$ を代入して a を求めると，
$3380 = 80 + a(45 - 1)$ より，$a = 75$

別解）
$y = ax + b$ とおいて，$x = 1$ のとき $y = 80$，$x = 45$ のとき $y = 3380$ ですから，これをそれぞれ代入。
$80 = a + b$ と $3380 = 45a + b$ の連立方程式より，$a = 75$

(3) まずは（1）－②と同様に，柵Pの長さ＝ $60n + 20$…（A）ですね。

さて，問題は柵Qの長さです。

柵Qの鉄材の個数は何個ですか？

柵Pより k 個多いので，$(n + k)$ 個ですね。

すると，柵Qの長さは，はじめの 80 cm に，$a = 50$ が何回付け足されたかわかりますか。等差数列の「間の数」のイメージですね。

そう，$(n + k - 1)$ 回です。

したがって，柵Qの長さは，$80 + 50(n + k - 1)$ …（B）と表せます。

（A）＝（B）ですから，$60n + 20 = 80 + 50(n + k - 1)$ が成り立ちます。

これを解いて，$n = 5k + 1$ となります。

「間の数」のイメージで $(n + k - 1)$ 回を考えられたかどうか，ここがポイントでしたね。

20

問題 47p. 参照

【解答】（1）30 個　（2）16 個　（3）$4n - 6$ 個　（4）$n = 9$

【解説】（1）いちばん上の段に $1^2 = 1$ 個，上から 2 段目に $2^2 = 4$ 個，3 段目に $3^2 = 9$ 個，4 段目に $4^2 = 16$ 個だから，$1 + 4 + 9 + 16 = 30$（個）

（2）6 段重ねの立体には，上から順に，$1^2 = 1$，$2^2 = 4$，$3^2 = 9$，$4^2 = 16$，$5^2 = 25$，$6^2 = 36$ 個の玉があります。
ここに含まれる 5 の倍数は，5，10，15，20，25，30，35。
あとはそれぞれの数が何段目に使われるか，ていねいに数えていきましょう。
5…3 段目，4 段目，5 段目，6 段目
10…4 段目，5 段目，6 段目
15…4 段目，5 段目，6 段目
20…5 段目，6 段目
25…5 段目，6 段目
30…6 段目
35…6 段目
よって，5 の倍数の番号のついた玉の合計は 16 個となります。

（3）例えば4段重ねのとき，ちょうど2回使われるのは，図のように5，6，7，8，9 になりますが，これは 3 段目に使われる $3^2 = 9$ 個から 2 段目に使われる $2^2 = 4$ 個を引いた数になっていることがわかりますか。

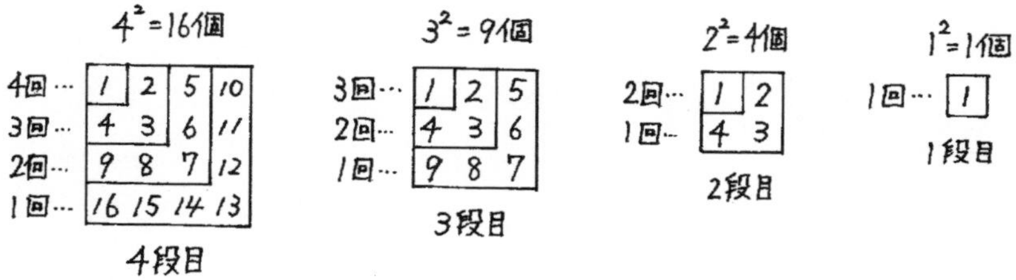

$4^2=16$個
4回… 1 2 5 10
3回… 4 3 6 11
2回… 9 8 7 12
1回… 16 15 14 13
4段目

$3^2=9$個
3回… 1 2 5
2回… 4 3 6
1回… 9 8 7
3段目

$2^2=4$個
2回… 1 2
1回… 4 3
2段目

$1^2=1$個
1回… 1
1段目

すると，n 段重ねのとき，ちょうど 2 回使われるのは，$(n-1)$ 段目に使われる $(n-1)^2$ 個から，$(n-2)$ 段目に使われる $(n-2)^2$ 個を引いた数になります（ここ，頑張りどころです！）。

したがって，それらの数が 2 回ずつ使われますので，

$\{(n-1)^2-(n-2)^2\}\times 2$

$=\{(n^2-2n+1)-(n^2-4n+4)\}\times 2$

$=4n-6$

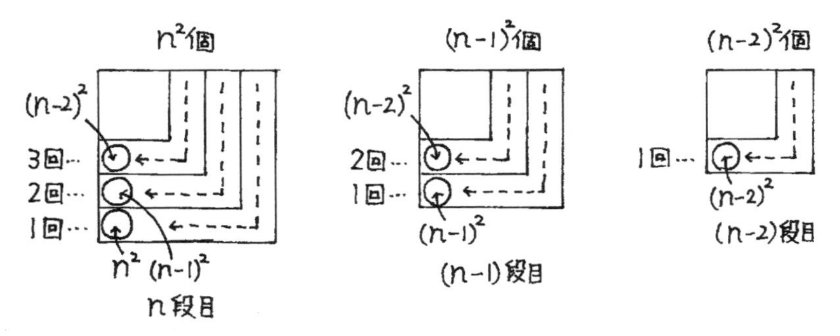

(4)　n 段目には n^2 個，$(n-1)$ 段目には $(n-1)^2$ 個の玉が必要ですから，

$n^2+(n-1)^2=145$ が成り立ちます。

$n^2+(n-1)^2=145$

$n^2+(n^2-2n+1)=145$

$n^2-n-72=0$

$(n-9)(n+8)=0$

n は 2 以上の自然数だから，$n=9$

㉑

問題 48p. 参照

【解答】（1）40　（2）16 段目の左から 2 枚目　（3）$\frac{13}{2}n + \frac{1}{2}$

【解説】（1）単純に数えていくと，6 段目の終わりまでのタイルは，$7 + 6 + 7 + 6 + 7 + 6 = 39$（枚）。よって，7 段目の左端のタイルに書かれた自然数は 40 と求められます。

また，奇数段目に注目すると，1 段目 1 → 3 段目 14 → 5 段目 27 と，13 ずつ増えていますから，7 段目は $27 + 13 = 40$ と求めてもいいですね。

（2）奇数段目には 7 枚，偶数段目には 6 枚のタイルが並びますから，

$100 \div (7 + 6) = 7$ あまり 9。この 7 というのは，奇数段と偶数段のセットが 7 組ということですね。$2 \times 7 = 14$ 段まで並べきって，タイルが 9 枚あまるということがわかります。

15 段目は奇数段なので 7 枚並びますから，16 段目には $9 - 7 = 2$ 枚並ぶことになります。したがって，100 が書かれたタイルは，16段目の左から2枚目。

（3）これは表で考えた方がわかりやすい。

n 段目	1	3	5	…
タイルの枚数	7	20	33	…

表より，2 段ごとに 13 枚増えますから，1 段につき $\frac{13}{2}$ 枚増えると考えられます。等差数列ですから，1 番目の 7 枚に，n 段目までに $\frac{13}{2}$ が $(n - 1)$ 回加わりますので，$7 + \frac{13}{2} \times (n - 1) = \frac{13}{2}n + \frac{1}{2}$

22　　問題 49p. 参照

【解答】（1）28　（2）18 番目　（3）2601 個

【解説】（1）三角数の問題ですね。

$1 + 2 + 3 \cdots + 7$ というように，そのまま計算しても構いませんが，

n 番目の三角数 = 1 から n までの自然数の和 = $(1 + n) \times n \div 2$

を用いても，$8 \times 7 \div 2 = 28$ と求めることができます。

（2）黒石は偶数番目に新たに増えていきますね。また，表を見ると，偶数番目の黒石は，（石の総数）－（白石の個数）となっていることに気づきますか。

（1）で考えたように，「石の総数」は三角数になっています。また，偶数番目の「白石の個数」は $1^2 = 1$，$2^2 = 4$，$3^2 = 9 \cdots$ というように，四角数（平方数）ですね。

例えば 4 番目の黒石の個数は，$5 \times 4 \div 2 - 2^2 = 10 - 4 = 6$ となります。

では，n が偶数（$n > 0$）のとき，n 番目の黒石の個数はいくつでしょう？

n 番目の図形に使われる石の総数は，$(1 + n) \times n \div 2 = \dfrac{n(n+1)}{2}$ 個です。

n 番目の図形に使われる白石は？

2 番目には $1^2 = 1$ 個，4 番目には $2^2 = 4$ 個，6 番目には $3^2 = 9$ 個…ですから，

$\left(\dfrac{n}{2}\right)^2$ 個とわかりますか？

したがって，n 番目の黒石の個数について，$\dfrac{n(n+1)}{2} - \left(\dfrac{n}{2}\right)^2 = 90$ が成り立つので，これを解くと，$n = -20, 18$　$n > 0$ だから，$n = 18$

（3）101 番目の図形に使う白石の個数は，102 番目に使う白石の個数と同じですね。したがって，(2)で考えたのと同様に，$\left(\dfrac{102}{2}\right)^2 = 51^2 = 2601$

23

問題 50p. 参照

【解答】① 55 ㎤　② $4n^2+2n$ ㎤

【解説】① 5 番目の立体にある積み木の数は，上の段から $1^2 = 1$ 個，$2^2 = 4$ 個，$3^2 = 9$ 個，$4^2 = 16$ 個，$5^2 = 25$ 個となることがわかりますね。

したがって全部で，$1 + 4 + 9 + 16 + 25 = 55$ 個となります。

1 個 1 ㎤ですから，55 ㎤。

② 例えば 4 番目の図形を真横から見ると，正方形が上から 1 個，2 個，3 個，4 個と，それぞれの段に並んでいます。その総数は $1 + 2 + 3 + 4 = 10$ 個です。これは三角数になっていますね。（図 1）

図 1

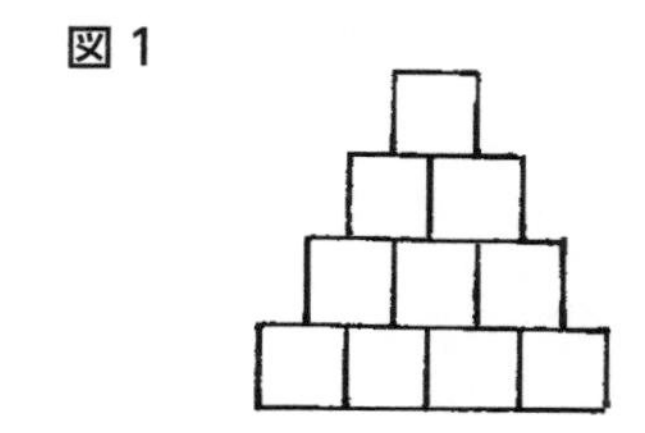

すると，n 番目の図形を真横から見たときの正方形の数は？

$1 + 2 + 3 + \cdots + n$ の三角数ですから，$(1 + n) \times n \div 2 = \dfrac{n(n+1)}{2}$ 個ですね。

図 2

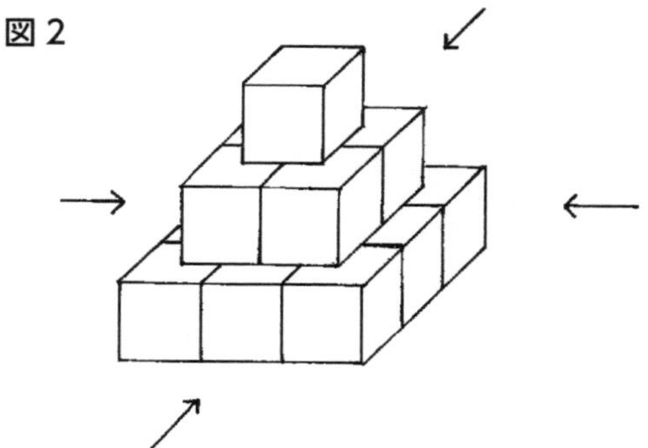

真横から見るときは図 2 のように，4 方向考えなければなりませんから，正方形は全部で，$\dfrac{n(n+1)}{2} \times 4 = 2n(n + 1)$ 個あります。

また，この立体の表面積は，真上から見ても真下から見ても 1 辺 n cm の正方形ですから，上下 2 方向で，$n^2 \times 2 = 2n^2$ 個の正方形があります。
したがって，全ての正方形の個数は，$2n(n+1) + 2n^2 = 4n^2 + 2n$ 個。
1 個 1 ㎠ですから，表面積は $4n^2 + 2n$（㎠）となります。

ちなみに側面について，正方形をずらして 2 面組み合わせると，図 3 のようになります。2 面で $n(n+1)$ 個ですから，4 面だと $2n(n+1)$ 個，というように求めることもできます。

図 3

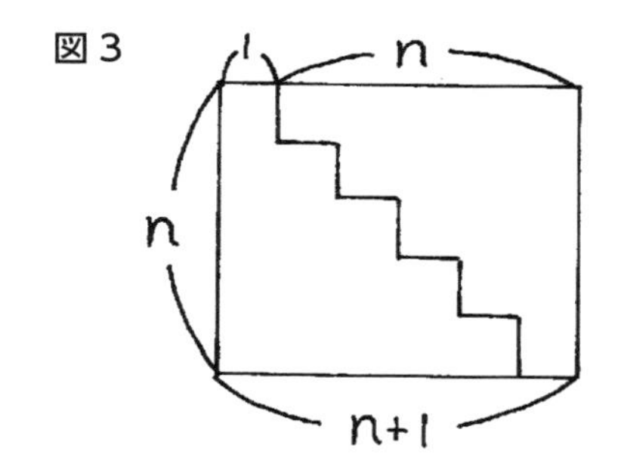

24 問題51p.参照

【解答】（1）①６個　②13.5 cm　（2）$0.5n + 7.5$ cm
（3）青９個，白17個，赤９個

【解説】（1）①（青，白，白，赤）の４つを１組と考えると，$12 \div 4 = 3$
12個のコップを重ねたとき，（青，白，白，赤）が３回繰り返されることがわかります。１組の中に白は２個ありますから，白のコップは，$2 \times 3 = 6$ 個ですね。

② コップを１個重ねると0.5 cm高くなりますから，コップを12個重ねたときの全体の高さは，$8 + 0.5 \times 12 = 14$（cm）でいいですか？
そう，ダメですよね。
これは，最初の８cmのコップがあったところに11個のコップを重ねるということですから，$8 + 0.5 \times 11 = 13.5$（cm）が正しい。
植木算の「間の数」のような考え方ですね。

（2）コップを n 個重ねるということは，最初のコップに，$(n - 1)$ 個のコップを重ねていくということですよね。これもポイントは「間の数」です。
よって全体の高さは，$8 + 0.5(n - 1) = 0.5n + 7.5$（cm）となります。

（3）コップ全体の高さが22.5 cmのとき，$0.5n + 7.5 = 22.5$ より，$n = 30$
30個のコップを重ねたことがわかります。
一方，コップ全体の高さが40 cmのときは，$0.5n + 7.5 = 40$ より，$n = 65$
65個のコップを重ねたときです。
さて，30個重ねたときは，（青，白，白，赤）の４つを１組と考えて，$30 \div 4 = 7$ あまり２ですから，（青，白，白，赤）の８組目の２番目の白までコップを重ねます。１組に青と赤は１つずつ，白は２つずつですから，ここまでに青８個，白 $2 \times 7 + 1 = 15$ 個，赤７個です。
次に，コップを65個重ねたとき。$65 \div 4 = 16$ あまり１ですから，（青，白，白，赤）の 17 組目の 1 番目までの青までコップを重ねるとわかります。
このとき，青 16 + 1 = 17 個，白 2 × 16 = 32 個，赤 16 個です。
したがってその差は，青 17 − 8 = 9 個，白 32 − 15 = 17 個，赤 16 − 7 = 9 個となります。

25

問題 52p. 参照

【解答】（ア）22 本　（イ）$n = 15$

【解説】（ア）p と q を結ぶ線分は，A～D につき，それぞれ 4 本ずつですから，
$4 \times 4 = 16$（本）あります。

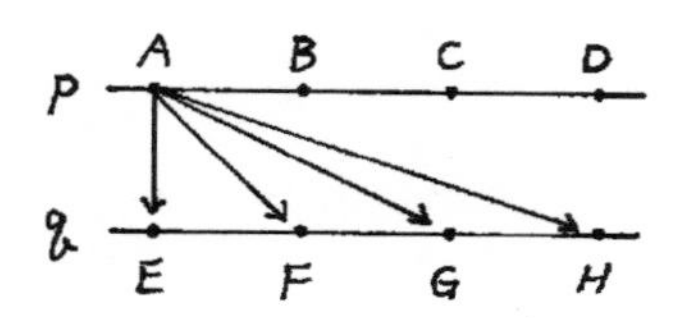

また，p 上の線分は線分 AB，BC，CD の 3 本。
q 上の線分は線分 EF，FG，GH の 3 本。よって，全部で $16 + 3 \times 2 = 22$（本）となります。

（イ）（ア）と同様に考えると，p と q を結ぶ線分は，$n \times n = n^2$ 本です。
では，p 上の線分，q 上の線分はそれぞれ何本でしょう？
植木算の「間の数」だから，それぞれ（$n - 1$）本ですね。
よって，合わせて $2(n - 1)$ 本。
したがって，$n^2 + 2(n - 1) = 253$ が成り立ちます。
これを解くと，$n = -17, 15$　$n > 0$ だから，$n = 15$

26　問題 53p. 参照

【解答】（1）12　（2）39　（3）① $2a - 3$　② $a = 32$, $b = 29$

【解説】（1）これは表の続きを書けばすぐに 12 とわかります。

n が偶数のとき，n 番目の上段の右端の数は $2n$ なので，6 番目の上段の右端の数は $2 \times 6 = 12$ と求めてもよいですね。

（2）10 番目の表というのは，9 番目の表に，新たにどんな数が並べられたものですか？

9 番目

1	4	5	8	9	12	13	16	17
2	3	6	7	10	11	14	15	18

10 番目

1	4	5	8	9	12	13	16	17	20
2	3	6	7	10	11	14	15	18	19

そう，19 と 20 ですよね。すると，10 番目の表に並べられた数の和は，9 番目の表に並べられた数の和より，19 と 20 の分だけ大きいということですね。
よって，求める値は，$19 + 20 = 39$ となります。

（3）①　a が偶数のとき，上段の右端の数は $2a$ ですね。すると，上段の右端から 2 番目にある数は，右端の数より 3 小さいから，$2a - 3$ と表せます。

②　b 番目の上段の右端の数は，b を 3 以上の奇数とすると，小さい順に 5，9，13…だから，$2b - 1$ と表せます。右端から 2 番目にある数は，それより 1 小さい数ですよね。すると，$(2b - 1) - 1 = 2b - 2$ となります。
したがって，$2a - 3 = (2b - 2) + 5$ が成り立ちますから，$a = b + 3$ となります。これって，どういうことかわかりますか？

例えば，$a = 20$，$b = 17$ のようになるということです。この場合，20 番目と 17 番目の表に並ぶすべての数の和の差とは，20 番目の右側の上下 3 列に並ぶ数の和ということになります。

20 番目

1	4	5	…												…	33	36	37	40
2	3	6	…												…	34	35	38	39

17 番目

1	4	5	…												…	33
2	3	6	…												…	34

すると，「a 番目の表に並べられたすべての数の和」と「b 番目に並べられたすべての数の和」の差とは，下の図の部分になるのがわかりますか？

a 番目

1	4	5	…														$2a-4$	$2a-3$	$2a$
2	3	6	…														$2a-5$	$2a-2$	$2a-1$

b 番目

1	4	5	…										…	$2b-1$
2	3	6	…										…	$2b$

したがって，$2a + (2a-1) + (2a-2) + (2a-3) + (2a-4) + (2a-5) = 369$ が成り立ちます。これを解いて，$a = 32$　$a = b + 3$ より，$b = 29$

27　問題 54p. 参照

【解答】（1）①ア…24　イ…25　②ウ…$4n-4$　エ…n^2　（2）$12x$ cm
（3）7：9

【解説】（1）① これはすぐに四角数（平方数）の問題だとわかりますね。
図Aのように，7段目には全部で $7^2=49$ 個の箱があり，白い箱は内側に $5^2=25$ 個ですから，黒い箱は $49-25=24$ 個となります。図Bのように，$6\times4=24$ 個と求めてもよいです。

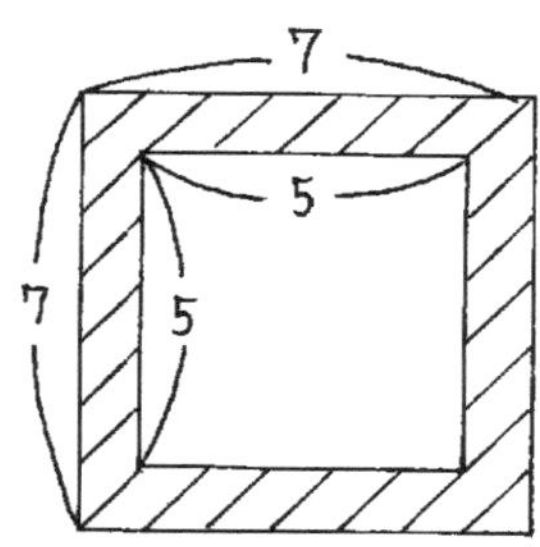

図B

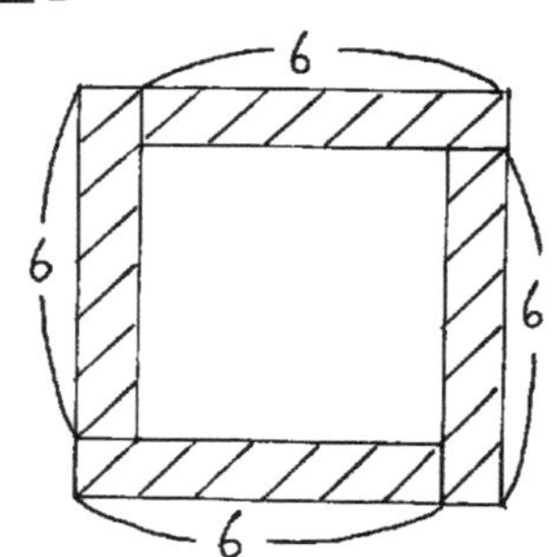

（1）② 図Cのように真正面から見たとき，n 段目に白い箱が並ぶということは下の図のように，外側が白，内側が黒ということですね。
全部で n^2 個。黒い箱は $(n-2)^2$ 個ですから，白い箱は，
$n^2-(n-2)^2=4n-4$ 個。

図C

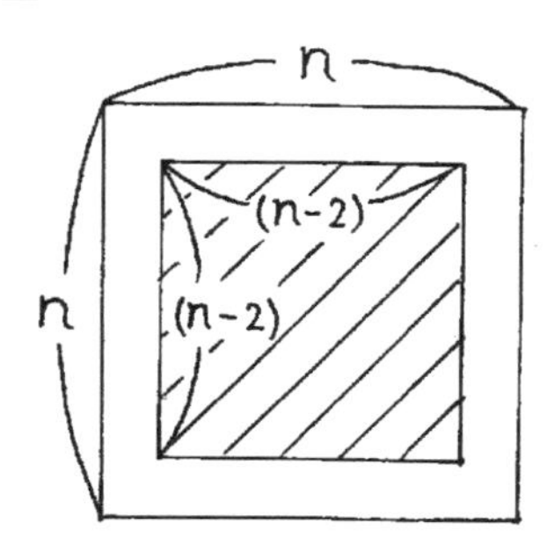

図D

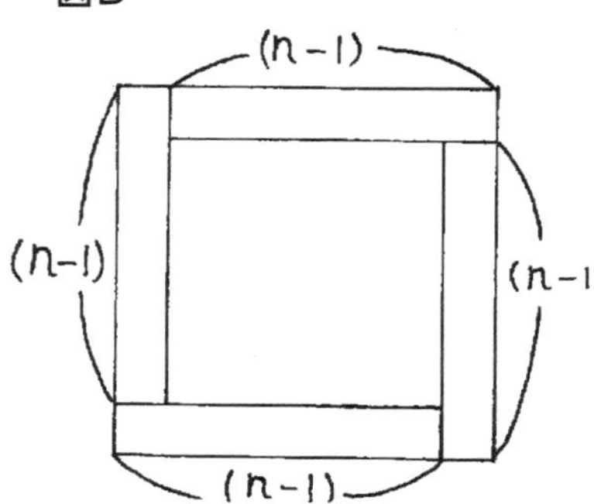

白い箱については図Ｄのように見て，$(n-1)\times4=4n-4$ 個とも考えられます。

（2）図４はどこかで見たような図ですね。

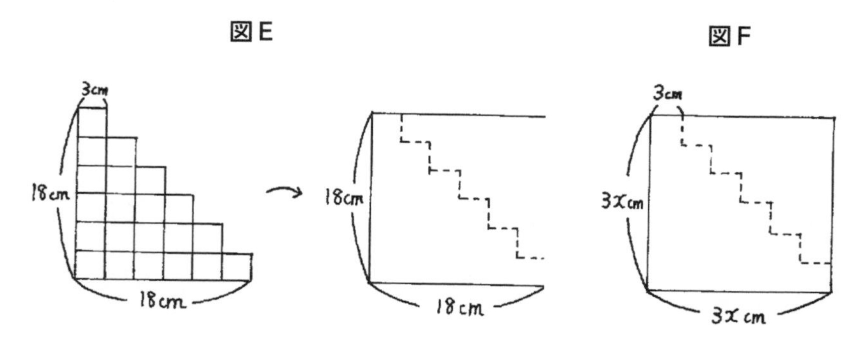

点線の部分を移動すると，図Ｅのような１辺 18 cm の正方形の周の長さと等しくなることがわかりますか？
すると，x 段まで積み重ねたときは１辺 $3x$ cm ですから，周の長さは，
$3x\times4=12x$（cm）となります（図Ｆ）。

（3）図５を図Ｇのように変えてみましょう。

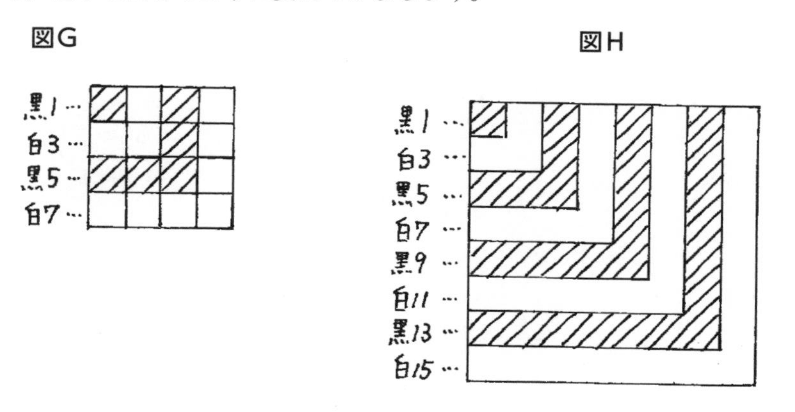

」字型に，左上から黒 1，白 3，黒 5，白 7 となっていますから，黒の個数は 1 + 5 = 6，白の個数は 3 + 7 = 10 とわかります。この場合の比は，3：5 です。四角数というのは，1 + 3 + 5 + 7…のように，奇数を小さい順に足してできる数でしたね。これはまさしく，四角数を図で表したような問題。きれいに解けます。図 6 も同じように変えて見てみましょう。（図H）
黒の面積は 1 + 5 + 9 + 13 = 28，白の面積は 3 + 7 + 11 + 15 = 36。
したがって，比は 28：36 = 7：9 ですね。

28

問題 56p. 参照

【解答】（1）12 枚　（2）$\dfrac{4n+1}{3}$ 枚

【解説】（1）黒色のタイルの枚数を上の行から見ていくと，2，1，1，2，1，1，2 …というように，**3 行ごとに 4 枚ずつ増えていく**のがわかりますね。
よって，$9 \div 3 = 3$ より，$4 \times 3 = 12$（枚）と求められます。

（2）n 行目は左から 3 枚目が黒色のタイルですから，図のように見ていくと，（$n-2$）行目は 3 でわり切れる行数だということがわかりますか？
（1）で考えたように，黒色のタイルは 3 行につき 4 枚ありますから，（$n-2$）行目までに，$(n-2) \div 3 \times 4 = \dfrac{4(n-2)}{3}$ 枚あります。
そしてさらに黒色のタイルは($n-1$)行目に 2 枚，n 行目に 1 枚ありますから，全部で $\dfrac{4(n-2)}{3} + 3 = \dfrac{4n+1}{3}$ 枚と表すことができます。

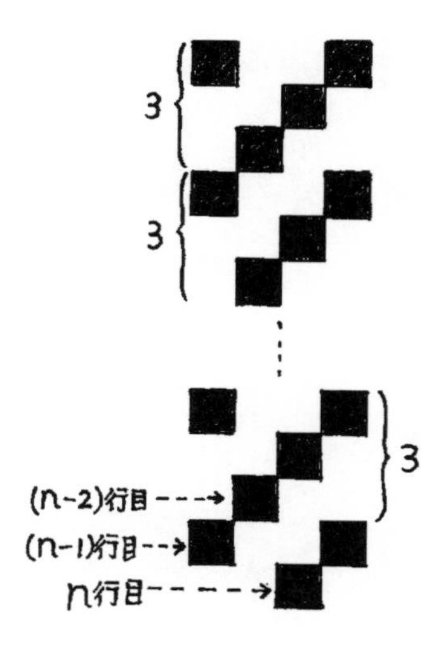

29 問題 57p. 参照

【解答】（1）黄色　（2）$20n - 8$ 枚

【解説】（1）6 行目のＣ列にはられる色紙は，1 行目Ａ列から数えると，$4 \times 5 + 3 = 23$（枚目）とわかります。ここで（赤，青，黄，緑，白）の 5 色を 1 組と考えると，$23 \div 5 = 4$ あまり 3 ですから，23 枚目の色紙は 5 組目の 3 番目の色，すなわち，黄色とわかります。

(2) 図のように番号をふっていくと，Ｄ列に青がはられるのは下の表のようになります。（3 行目のＤ，8 行目のＤ，13 行目のＤに青がはられます）

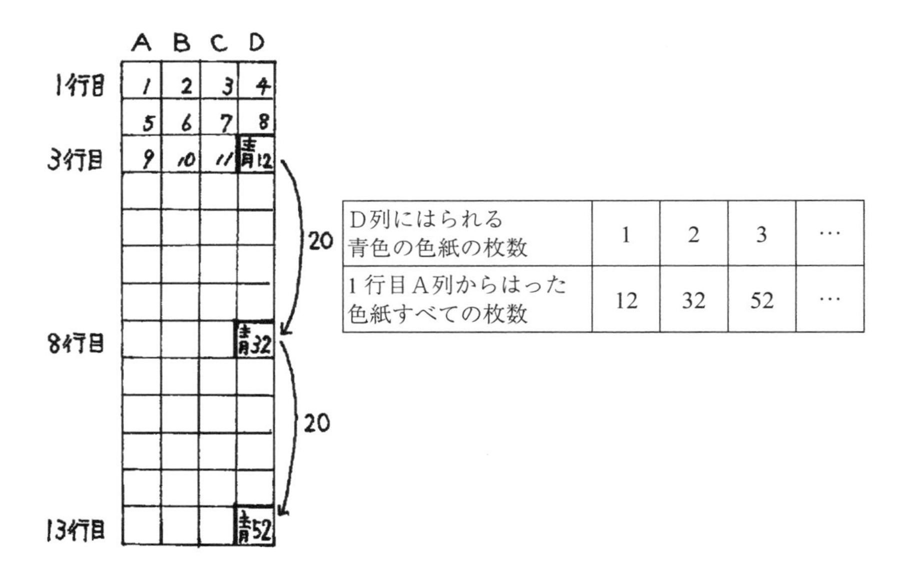

Ｄ列にはられる青色の色紙の枚数	1	2	3	…
1 行目Ａ列からはった色紙すべての枚数	12	32	52	…

これは 1 番目の数が 12，公差が 20 の等差数列ですから，Ｄ列にはった色紙が n 枚のときのすべての色紙の枚数は，$12 + 20 \times (n - 1) = 20n - 8$（枚）となります。

1次関数として考えた場合。D列にはられる青色の枚数をx枚，すべての枚数をy枚とすると，変化の割合は20ですから，まず$y = 20x + b$とおきます。これに例えば$x = 1$，$y = 12$を代入してbを求めると，$12 = 20 \times 1 + b$より，$b = -8$。$y = 20x - 8$ですから，$x = n$のときは，$20n - 8$となります。

30　問題 58p. 参照

【解答】（1）12 枚　（2）① 7 枚目　② $16n - 6$　③ 28 ページ，上段

【解説】（1）学年全員の人数は，$32 \times 3 = 96$ 人です。

1 枚の用紙には 8 人分のメッセージを印刷しますから，必要な用紙は，

$96 \div 8 = 12$ 枚ですね。

（2）① 1 組の 1 番から数えると，弥生さんは何番目にあたるかを考えてみましょう。$32 + 23 = 55$ 番目ですね。

1 枚につき 8 人のメッセージが載りますから，$55 \div 8 = 6$ あまり 7

よって弥生さんは 7 枚目（の 7 番目）に載ることがわかります。

（2）② 表と裏のページ番号というのは，1 枚目が（1，2，3，**4**），2 枚目が（5，6，7，**8**），3 枚目が（9，10，11，**12**）…となっていきます。各用紙の最後（4 番目）のページに注目してみると，4，8，12…となっていますね。

では，n 枚目の最後のページ番号はいくつでしょう？

もちろん，$4n$ ですね。

すると，n 枚目の 4 つのページ番号は，小さい順に $(4n - 3)$，$(4n - 2)$，$(4n - 1)$，$4n$ と表すことができます。したがってそれらの和は，

$(4n - 3) + (4n - 2) + (4n - 1) + 4n = 16n - 6$ となります。

（2）③ ①で考えたように，弥生さんは 1 組 1 番から数えて 55 番目にあたり，7 枚目の 7 番目に載るとわかっています。

1 枚につき 4 ページありますから，7 枚目の 8 番目の人（1 組 1 番から数えて 56 番目の人）が載るのは，$7 \times 4 = 28$ ページの下段ですよね。

したがって，弥生さんはその 1 つ前ですから，28 ページの上段とわかります。

31

問題 59p. 参照

【解答】（1）4　（2）3　（3）716　（4）141

【解説】（1）まず，1 行目の 1 番左の数から数えると，6 行目の最後の数は何番目の数かを考えてみましょう。
1 行に数が 10 並びますから，$10 \times 6 = 60$ 番目ですね。
また，数の並び方は（1，2，3，4，0，0，0）の 7 個を 1 組として繰り返しますから，$60 \div 7 = 8$ あまり 4　すなわち，6 行目の最後の数は，9 組目の 4 番目の数とわかります。よって，4 ですね。

(2)（1）と同様に，$10 \times 50 = 500$ より，50 行目の最後の数は 500 番目の数です。
$500 \div 7 = 71$ あまり 3 ですから，72 組目の 3 番目の数。よって，3 とわかります。

(3)（1，2，3，4，0，0，0）の 1 組に含まれる数の和は，$1 + 2 + 3 + 4 = 10$
（2）で考えたように，50 行目の最後の数は 72 組目の 3 番目の数ですから，
$\underbrace{10 \times 71}_{71\text{組分の和}} + \underbrace{1 + 2 + 3}_{72\text{組目の}3\text{番目までの和}} = 716$ となります。

(4) 1 組に含まれる数の和は 10 ですから，$2016 \div 10 = 201$ あまり 6
さて，このあまり 6 というのはどういう意味でしょう？
$1 + 2 + 3 = 6$ ですから，202 組目の 3 番目の数まで足すと，求めるすべての数の和が 2016 になるということですね。
1 組に数は 7 個並びますから，$7 \times 201 + 3 = 1410$ より，□行目の最後の数は，1 行目の左から 1410 番目の数とわかります。したがって，□に当てはまる数は，$1410 \div 10 = 141$ となります。

32 問題60p.参照

【解答】(1) 白 (2) 34個 (3) ①C，下から44個目 ② $15n-14$

【解説】(1) 玉の色は（赤，白，青）の3色が1組として繰り返されます。

したがって，$29 \div 3 = 9$ あまり2より，29の数が書かれた玉は，10組目の2番目の色ですね。よって，白。

(2) $100 \div 3 = 33$ あまり1より，100個目の玉は，34組目の1番目（赤）とわかりますね。赤玉は1組につき1個ですから，$33 + 1 = 34$ 個あるとわかります。

(3) ① 玉は5つの筒に順に入れられるので，$218 \div 5 = 43$ あまり3より，218は下から44個目の左から3番目（C）の筒に入ることがわかります。

② 筒Aに入る赤玉についての表を作ってみます。

下から数えた赤玉（番目）	1	2	3	…
赤玉に書かれている数	1	16	31	…

赤玉に書かれている数は，1番目が1で，n 番目の赤玉まで15ずつ $(n-1)$ 回増えますから，$1 + 15 \times (n-1) = 15n - 14$ と表せます。

下から数えて x 番目の赤玉に書かれている数を y とする1次関数と考えてもいいですね。変化の割合は15ですから，$y = 15x + b$ とおき，$x = 1$ のとき $y = 1$ を代入すると，$1 = 15 \times 1 + b$ より，$b = -14$。

よって，$x = n$ のとき，$y = 15n - 14$ と表せます。

33

問題62p.参照

【解答】（1）ア…20　イ…32　（2）①$4x-4$ 枚　②$8x-16$ cm²
③$x=17$

【解説】（1）ア…縦に6枚つないだものを左右に2組，横に6枚つないだものを上下に2組と考え，四隅に重複する4枚を除くと，$6\times2+6\times2-4=20$（枚）となります。

イ…折り紙が3枚重なるのは，縦の1列につき4ヶ所ですね。これが左右にあるので，$4\times2=8$ ヶ所。1ヶ所につき，面積は $2\times2=4$（cm²）
したがって，求める面積は，$4\times8=32$（cm²）となります。

(2) ①これは（1）アと同様に考えて，$2x+2x-4=4x-4$（枚）です。

② 縦に x 枚の折り紙をつなぐとき，折り紙が3枚重なるのは，縦1列につき何ヶ所かを考えましょう。

縦につなぐ折り紙の枚数（枚）	5	6	7	…
3枚重なる部分（ヶ所）	3	4	5	…

表より，3枚重なる部分は，縦につなぐ折り紙の枚数よりも常に2少なくなっていますね。すると，縦に x 枚の折り紙をつないだとき，3枚重なる部分は，縦1列につき $(x-2)$ ヶ所できるとわかります。左右で $(2x-4)$ ヶ所です。
1ヶ所につき面積は4cm²ですから，合計の面積は，$4(2x-4)=8x-16$ (cm²)と表すことができます。

③ まず横に x 枚の折り紙をつなぐと，2枚重なるのは，横1列につき
$(x-1)$ ヶ所ですね。上下2列分で $2(x-1)=(2x-2)$ ヶ所あります。

1ヶ所につき4㎠ですから，面積の合計は，$4(2x-2)=8x-8$（㎠）となります。ここまではいいですか？
次に縦です。ここは少しややこしい。
例えば，縦に5枚つなぐとき，折り紙が重なる部分には，**1辺2㎝の小さな正方形**が13個あるのがわかりますか？（下図）
そしてこの中で，3枚重なっている正方形は3個です。

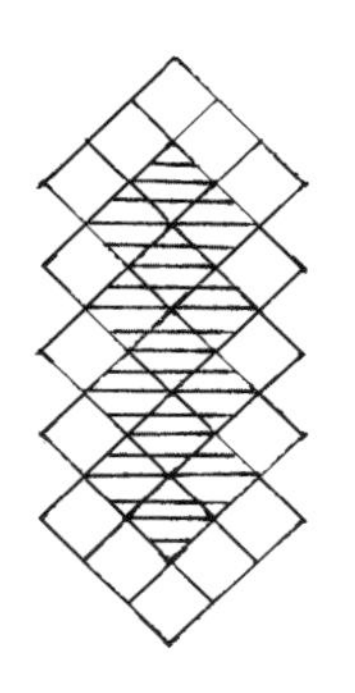

縦につなぐ折り紙の枚数（枚）	5	6	7	…
折り紙が重なる部分に含まれる1辺2㎝の正方形	13	16	19	…
3枚重なる部分の1辺2㎝の正方形	3	4	5	…
2枚重なる部分に含まれる1辺2㎝の正方形	10	12	14	…

表から，縦にx枚つなぐとき，「2枚重なる部分に含まれる1辺2㎝の正方形」は，縦1列につき，変化の割合が2の1次関数と見て，$2x$（個）とわかります。
よって，左右2列で，$4x$（個）あります。1つの面積が4㎠ですから，その面積の合計は，$4\times4x=16x$（㎠）と表せます。
したがって，$(8x-8)+16x=400$が成り立ちますから，$x=17$

34

問題 63p. 参照

【解答】（1）① 120 秒　② 450 秒　③ 9 時 12 分 0 秒　④ $50n + 50$　秒
（2）午前 9 時 38 分 20 秒

【解説】（1）① 図 2 を参考にすると，書類点検が始まるまでの待ち時間は，1 番 0 秒，2 番 20 秒，3 番 40 秒…というように，20 秒ずつ増えています。

番号	1	2	3	…
書類点検が始まるまでの待ち時間（秒）	0	20	40	…

等差数列の問題ですね。
7 番目の人までに，20 秒が **6 回**増えますから，$20 \times 6 = 120$ 秒となります。
ちなみに，n 番目の人の書類点検が始まるまでの時間は？
$20 \times (n - 1) = 20n - 20$ 秒ですね。

② 図 2 をもとに，待ち時間の合計を表にしてみます。

番号	1	2	3	…
待ち時間の合計（秒）	0	50	100	…

50 秒ずつ増えていることがわかります。これも等差数列ですね。
10 番の人までには，50 秒が **9 回**増えますから，$50 \times 9 = 450$ 秒です。
ちなみに，n 番目の人の待ち時間の合計は？
$50 \times (n - 1) = 50n - 50$ 秒ですね。

③ ①で考えたように，n 番目の人の書類点検が始まるまでの時間は $20n - 20$ 秒ですから，37 番目の人の書類点検が始まるまでの待ち時間は，$20 \times 37 - 20 = 720$ 秒です。720 秒 = 12 分ですから，9 時 12 分 0 秒。

④ ②で考えたように，n 番目の人の待ち時間の合計は $50n - 50$ 秒ですね。そして図 2 より，それに加えて［ A ］に 20 秒，［ B ］に 30 秒，［ C ］に 50 秒の，合計 100 秒かかりますから，$50n - 50 + 100 = 50n + 50$ 秒となります。

(2) (1) の④で求めた $50n + 50$ に $n = 45$ を代入すると，

$50 \times 45 + 50 = 2300$ 秒　$2300 \div 60 = 38\frac{1}{3} = 38$ 分 20 秒

したがって，9 時 38 分 20 秒です。

35　問題 65p. 参照

【解答】（1）ア…54　イ…4　（2）$6n^2$ 個　（3）$n = 11$

【解説】（1）ア　下の図のように，1 辺 1 cmの正三角形が 9 個集まってできる 1 辺 3 cm の正三角形を考えてみましょう。正六角形の中にはこれが 6 つありますから，アに当てはまる数は，$9 \times 6 = 54$ です。

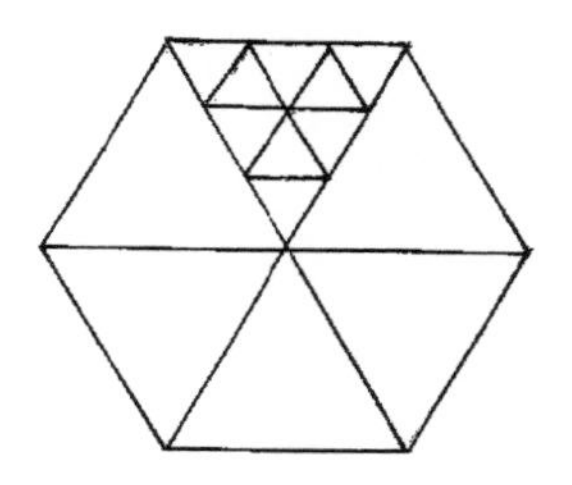

イ　問題文の表から，正三角形の個数について，6 ×［イ］= 24 と考えられますから，イ = 4 です。

(2)（1）のアと同様に考えると，1 辺 n cmの正三角形の中には，1 辺 1 cmの正三角形はいくつありますか？
はい，n^2 ですよね。したがって，正六角形を作るには，$n^2 \times 6 = 6n^2$　個とわかります。

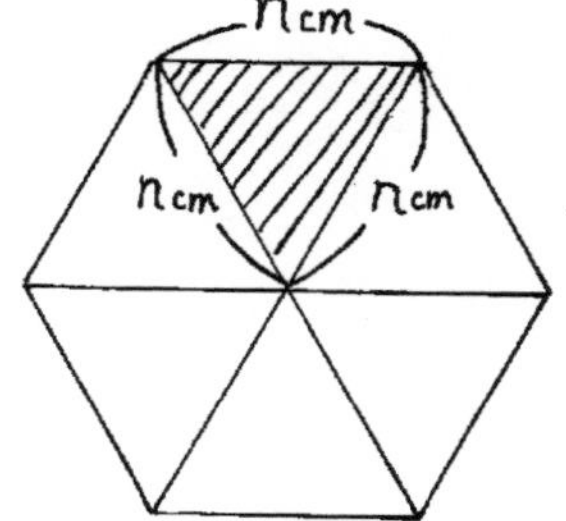

ただし，下線部①では相似比を利用する方法を求めていますから，そちらの解法でもやってみます（この問題は解答に過程を書かなくてよいので，どちらの方法で解いても構いません）。

さて，相似比が $1:n$ のとき，面積比は $1^2:n^2$ となりますね。そしてここでの面積は，正三角形の個数に比例しています。

正六角形の1辺の長さが1cmのときの正三角形は6個ですから，正六角形の1辺の長さが n cmのときの正三角形は，$6 \times n^2 = 6n^2$ 個 と求めることができます。

(3) 1辺が $(n+1)$ cmの正六角形を作るときに必要な，1辺1cmの正三角形はいくつですか？

もう大丈夫ですね，もちろん，$(n+1)^2 \times 6 = 6(n+1)^2$ 個です。

1辺 n cmの正六角形を作るときに必要な1辺1cmの正三角形の個数との差が138個ですから，$6(n+1)^2 - 6n^2 = 138$ が成り立ちます。

これを解くと，$n = 11$ となります。

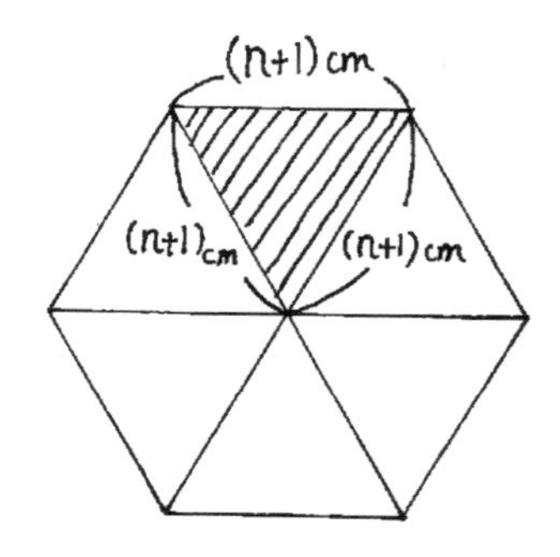

36

問題 67p. 参照

【解答】（1）①右端の棒の色…白，最後に植えた花の種類…B
②ア 17　イ 25　（2）$4n-2$ 本　（3）31 本

【解説】（1）① 棒と棒の間には 2 本ずつ花を植えていくので，全部で 32 本の花が植えられているとき，2 本の花を 1 組とすると，$32 \div 2 = 16$ 組の花が植えられていることになりますね。
このときの棒の本数は？
これは植木算の「両端に植えるとき」のパターンですね。
よって棒の本数は，$16 + 1 = 17$ 本になります。
棒の色は，白，赤，白，赤，白…と交互に繰り返しますから，奇数本目である 17 本目は白とわかりますね。
次に，最後に植えた花（32 本目の花）の種類について考えます。
（A，B，C）を 1 組として，これが繰り返されますから，32 本目の花は，
$32 \div 3 = 10$ あまり 2 より，11 組目の 2 番目とわかります。よって，B ですね。

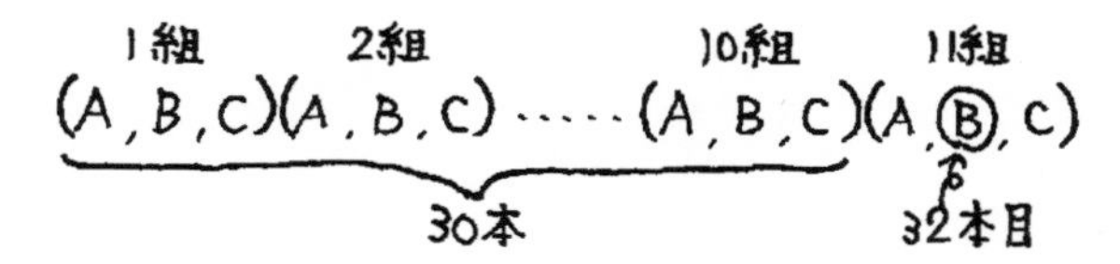

② ア　すでに①で考えたように，棒の本数は白と赤をあわせて 17 本。
イ　図（ii）より，白い棒の右隣の A は 1 番目，13 番目…のように，12 本おきに植えられることがわかりますから，次は $13 + 12 = 25$ 番目です。
また，次のような考え方もあります。
花の位置は図 1 のように，白棒の左（1），白棒の右（2），赤棒の左（3），赤棒の右（4）の全部で **4 通り**あるのがわかりますか？

図 1

白　赤　白　赤　白
A B C A B C A B C …
1 2 3 4 1 2 3 4 1 2 …

花の種類はA，B，Cの**3種類**ですね。
すると，花は，4と3の最小公倍数の12ごとに同じ位置と種類を繰り返すことになります。したがって，$13+12=25$と考えてもいいですね。

(2) $n=1$のとき，つまり白1本，赤1本で合計2本のときは，図2のように，棒と棒との間は1ヶ所ですから，花は2本です。
$n=2$のとき，つまり白2本，赤2本で合計4本のときは，図3のように，棒と棒の間は3ヶ所ですから，花は$2\times3=6$本ですね。ここまではいいですか？

図2　　　　図3

では，白n本，赤n本ずつ，あわせて$2n$本の棒を立てるとき，棒と棒の間は何ヶ所できるでしょう？
植木算で，「間の数」は棒の本数より1少ないから，$(2n-1)$ヶ所ですね。
すると，花はそれぞれに2本ずつ植えますから，花は全部で，$2\times(2n-1)=4n-2$　本と表すことができます。

(3) (1) ②のイの別解で考えたように，花は12本ごとに同じ位置と種類を繰り返すのでした。
では，「白の棒の右隣のA」は1番目，13番目，25番目…の花となるので，「白の棒の右隣のAの11本目」とは，はじめから数えて何番目の花ですか？
そう，$1+12\times10=121$番目ですね。
また，「右端の棒の色は白」で「最後に植えた花はA」という条件から考えてみると，図4のようになりますから，最後に植えた花のAは，はじめから数えて，$121+3=124$番目の花とわかりますね。

図４

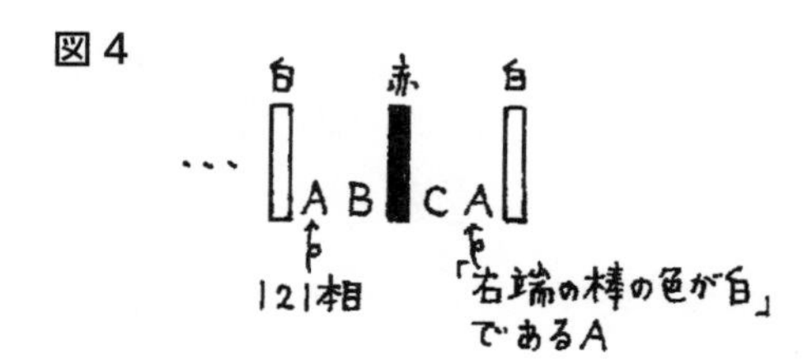

ここまでに棒の総数は 124 ÷ 2 ＝ 62 本。

赤はその半分ですから，62 ÷ 2 ＝ 31 本となります。

また，別解として，こんな考え方もあります。

右端が白のとき，赤の棒の本数を n 本とすると，白の棒の本数は赤より 1 本多くなるから，$(n+1)$ 本と表せますね。

すると棒の総数は，$n+(n+1)=2n+1$　本。

さて，このときに植える花は何本かわかりますか？

棒と棒の間は，棒の本数より 1 小さいから，$(2n+1)-1=2n$　ヶ所です。

よって花の本数は，$2n\times 2=4n$ 本。つまり 4 の倍数ということ。

さて，すでに考えたように，「白の棒の右隣のＡ」の 11 本目の花は，はじめから数えて 121 本目の花でした。

これは 4 の倍数ではないので，121 番目以降で最初の 4 の倍数は…と考えると，124 本目。$4n=124$ より，$n=31$　としても求められます。

37　問題69p. 参照

【解答】（1）① 6　② 7列　（2）① $\frac{n+1}{2}$　② $n = 53$，31列

【解説】（1）① 表を書いてみると，3段目には1，3，5，7…という奇数列に1が記入されますから，1列目から12列目までの奇数列は，1，3，5，7，9，11列目の6つ。

	1列目	2列目	3列目	4列目	5列目	6列目	7列目	8列目	9列目	10列目	11列目	12列目
1段目	0	0	0	1	0	0	0	1	0	0	0	1
2段目	0	0	1	0	0	1	0	0	1	0	0	1
3段目	1	0	1	0	1	0	1	0	1	0	1	0

② 表より「縦に並んでいる数の合計が1となる列」は，1，4，5，6，7，8，11列目の7列あります。

(2) ① 3段目に1が記入されるのは，奇数列のときですね。すると，3段目に並んでいる数の合計は，1が記入される回数と等しくなります。例えば，11列目までには6，13列目までには7などとなります。
3段目に並んでいる数の合計をmとすると，これは1が記入される列の数である奇数nと等しくなりますから，$n = 2m - 1$です。

これをmについて解くと，$m = \frac{n+1}{2}$

② ①より，$\frac{n+1}{2} = 27$だから，$n = 53$
また，各段において1が記入される列を考えてみると，
1段目は4，8，12列…の，4の倍数列
2段目は3，6，9列…の，3の倍数列

3 段目は奇数列，とわかります。
すると，4 と 3 と 2 の最小公倍数は 12 より，1 列から 12 列までの並び方が繰り返されることになりますね。
53 ÷ 12 ＝ 4 あまり 5 ですから，53 列目までに，この 12 列は 4 回繰り返され，さらにあまりの 1 列～ 5 列が並ぶというわけです。
すると（1）②で考えたように，1 列～ 12 列までに「縦に並んでいる数の合計が 1 となる列」は 7 列あり，また 1 列～ 5 列までには 3 列ありますから，求める列数は，7 × 4 ＋ 3 ＝ 31 列となります。

38　問題 70p. 参照

【解答】(1) ①　②

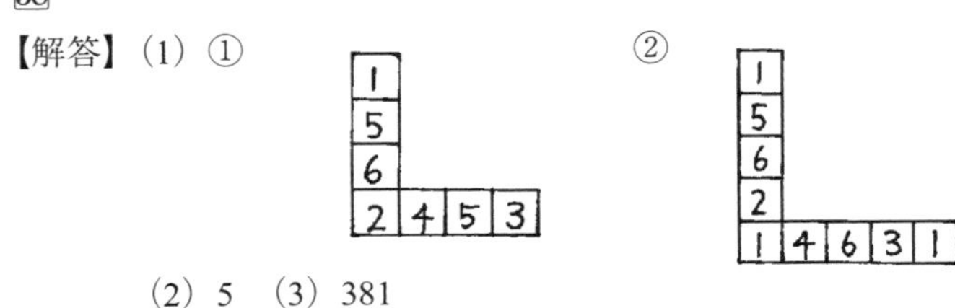

(2) 5　(3) 381

【解説】(1) ①②「向かい合った面に書かれた数の和は 7」であることに着目して，地道に数えましょう。

(2) (1) をヒントに，地点Bの右側は必ず 4 になることに気づきますか？
さらに，縦方向にAからBへ，または横方向にBからCへと立体を動かすとき，同じ数は 4 ますごとに記録されますね？
すると，地点Cが 4 になるのは，図のように，n = 6, 10, 14…のときですね。
よってこのとき，Bは 5 となります。

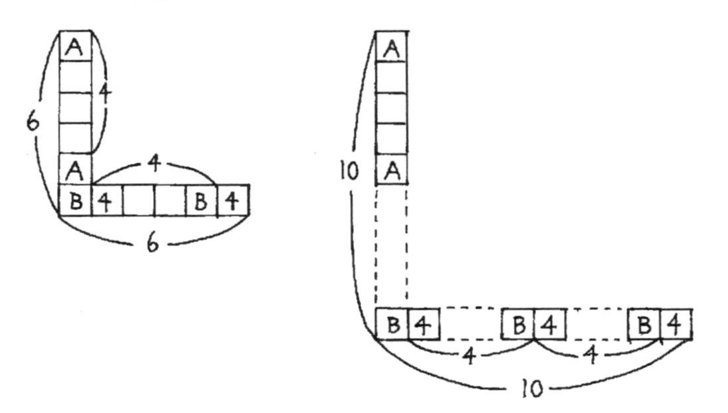

（3）$n = 55$ のときは下の図のようになります。

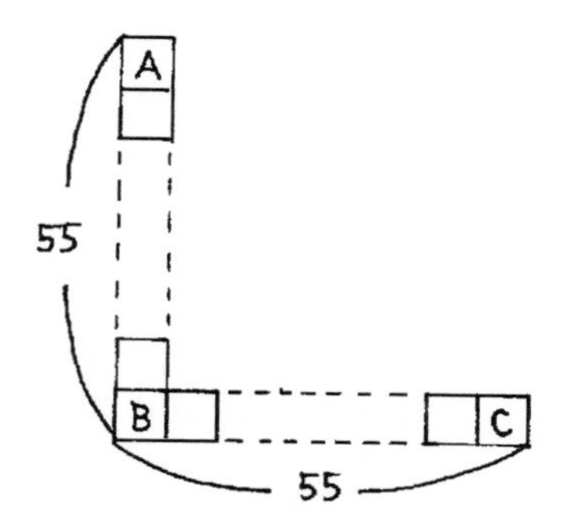

まず A から B へ縦に（1，5，6，2）の 4 つの数が繰り返し記録されますね。
$55 \div 4 = 13$ あまり 3 ですから，その和は，
$(1 + 5 + 6 + 2) \times 13 + (1 + 5 + 6) = 194$
このとき，地点 B に記録される数字は？
そう，6 ですね。
次に B から C へ横に，（6，4，1，3）が繰り返し記録されますから，その和は，
同様にして，$(6 + 4 + 1 + 3) \times 13 + (6 + 4 + 1) = 193$ と求められます。
したがって，コースのすべてのます目に記録された数の和は，地点 B の数の重複に注意して求めると，$194 + 193 - 6 = 381$　となります。

39 問題71p.参照

【解答】（1）2 cm　（2）$n+3$ 枚　（3）$x+y=12$…①　$x=2y$…②　②を①に代入すると，$2y+y=12$ より，$y=4$　$y=4$ を②に代入すると $x=8$　$x=8$，$y=4$　（4）$a=21$，32，40

【解説】（1）これは図を描けばわかりますね（図1）。

図1

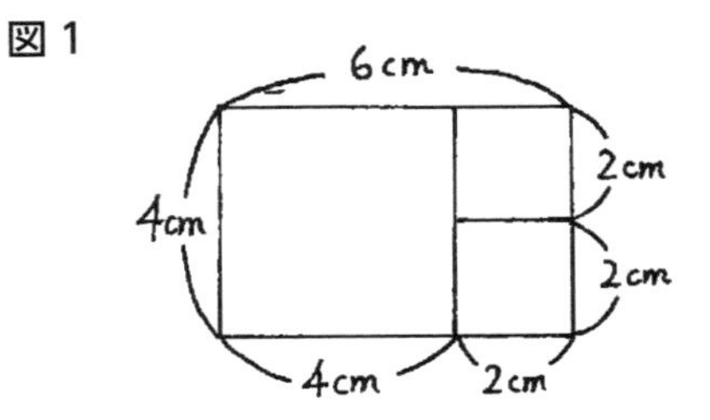

（2）図2のように考えると，1辺 n cmの正方形が3枚，1辺1 cmの正方形が n 枚できることがわかります。

図2

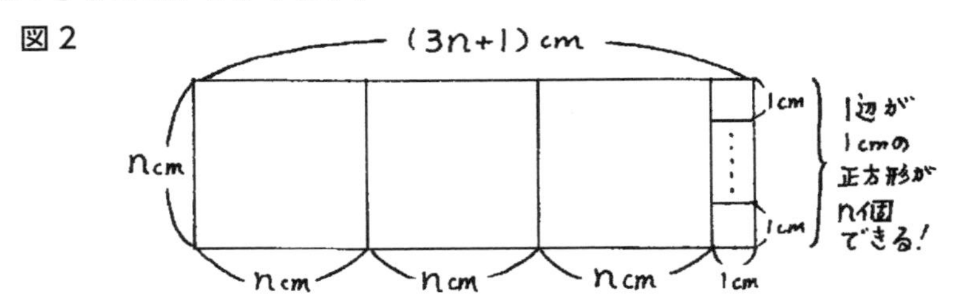

（3）問題の条件から，図3のようになると考えられます。

図3

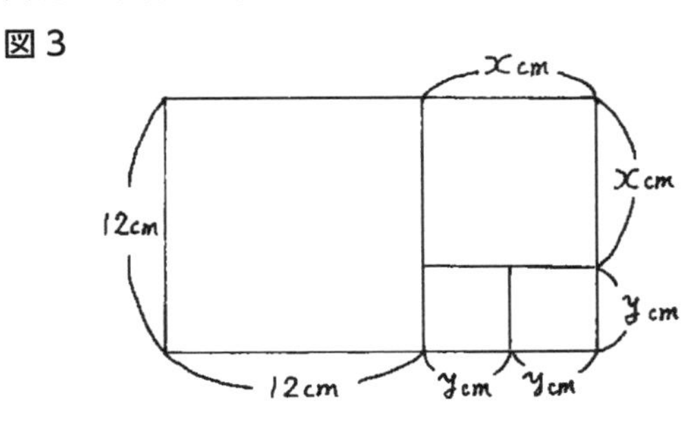

長方形の縦の長さについて，$x+y=12$…①

長方形の横の長さについて，$x=2y$…②

①，②の連立方程式を解いて，$x=8$，$y=4$

(4) 3 種類の大きさの異なる正方形が全部で 5 枚できたという条件を踏まえると，次の①〜③のような 3 つの場合が考えられます。

① 1 辺 a cmの正方形が 2 つあるとき（図 4）

図 4

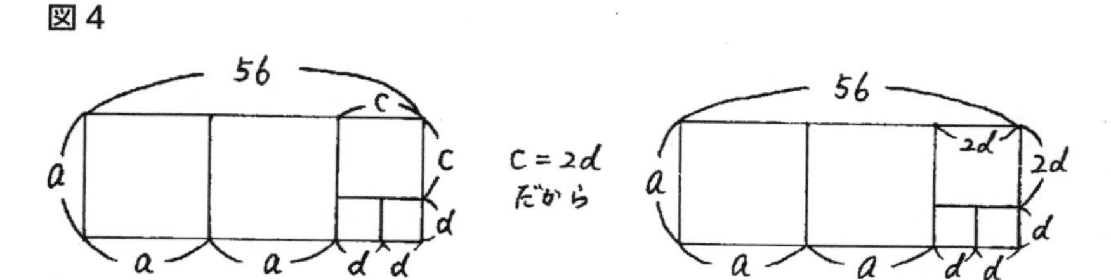

縦について $a = 3d$，横について $2a + 2d = 56$　これを解いて，$a = 21$（題意に適する）

② 1 辺 a cmの正方形が 1 つ，1 辺 c cmの正方形が 2 つあるとき（図 5）

図 5

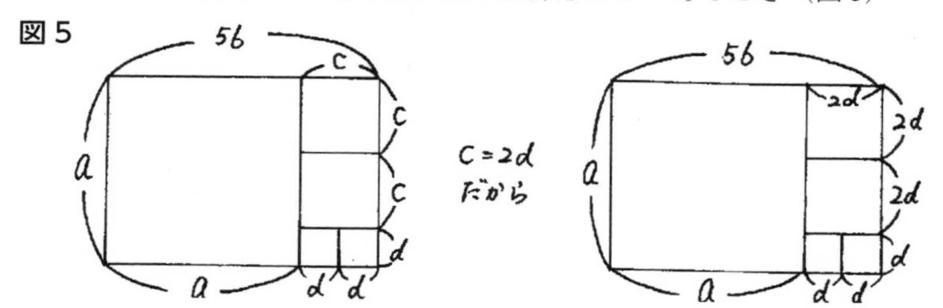

縦について $a = 5d$，横について $a + 2d = 56$　これを解いて，$a = 40$（題意に適する）

③ 1 辺 a cmの正方形が 1 つ，1 辺 c cmの正方形が 1 つのとき（図 6）

図 6

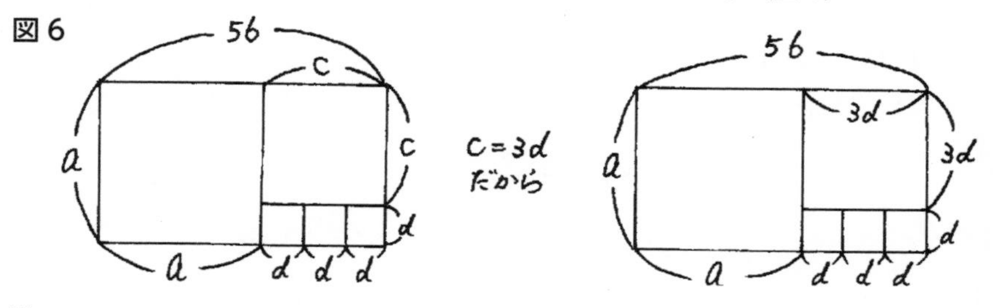

縦について $a = 4d$，横について $a + 3d = 56$　これを解いて，$a = 32$（題意に適する）

40

問題 72p. 参照

【解答】(1) ① 60 個　② 47 ㎠　(2) $(x-1)^2+4(x-1)\times 2=65$ より，
$x^2+6x-72=0$　$(x+12)(x-6)=0$　$x=-12,\ 6$　x は正の整数だから，$x=6$　(3) 11 個

【解説】(1) ① $4\times 5\times 3=60$（個）

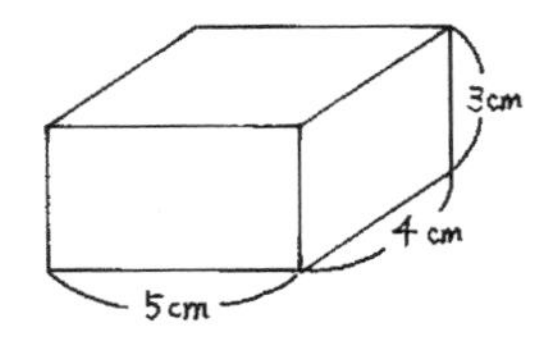

② 壁と床に接していない 3 つの面の面積の合計です。
$5\times 4+5\times 3+4\times 3=47$（㎠）

(2) 1 面だけに色が塗られた部分とは，下の図の斜線部分になりますから，その面積について，$(x-1)^2+4(x-1)\times 2=65$ が成り立ちます。これを解いて，$x=6$

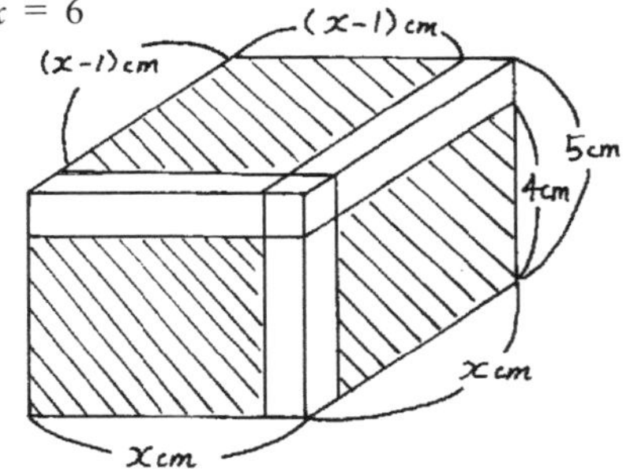

(3) ちょうど 2 面に色が塗られる積木 A とは，図の斜線部分にある積木です。
84 を素因数分解すると，$84=2^2\times 3\times 7$ となりますが，a，b，c の 3 辺の組み合わせが 3，4，7 のいずれかのとき，ちょうど 2 面に色が塗られる積木 A の数は最も少なくなります。したがって積木 A の個数は，
$(3-1)+(4-1)+(7-1)=2+3+6=11$（個）です。

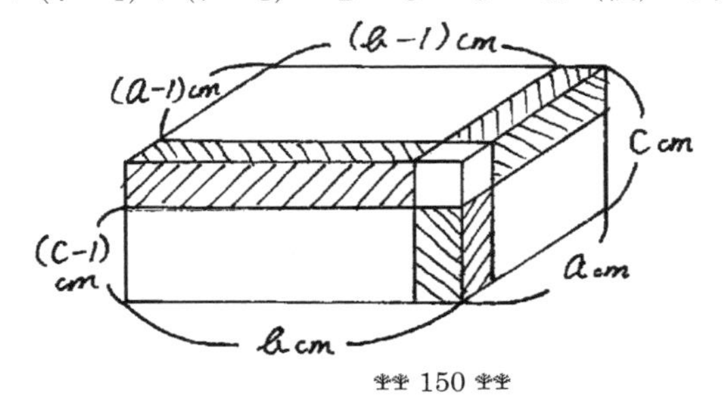

41

問題 73p. 参照

【解答】（1）400 cm²　（2）91 cm²　（3）縦の長さは（$4m+1$）cm，横の長さは（$8m+32$）cmである。　$\ell=2(4m+1)+2(8m+32)=24m+66=6(4m+11)$ $4m+11$ は整数なので，$6(4m+11)$ は 6 の倍数である。したがって，ℓ は 6 の倍数になる。　（4）15 cm，22 cm，23 cm

【解説】（1）図 1 より，$10\times40=400$（cm²）

図 1

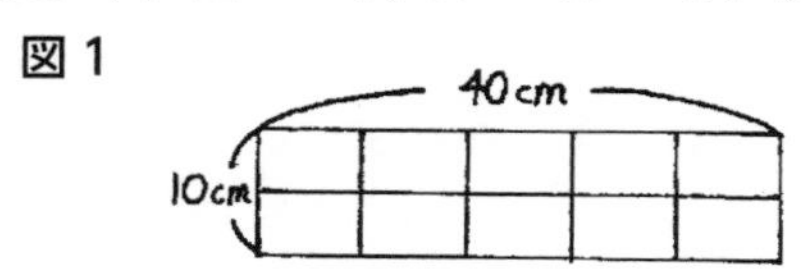

(2) 長方形Cの縦の長さについて。（ア）のつなぎ方で $m=3$ ですから，下方向にのりしろは 2 ヶ所できますから，$5\times3-1\times2=13$ cm
長方形Cの横の長さについて。（ア）のつなぎ方で $n=4$ ですから，右方向にのりしろは 3 ヶ所できますので，$8\times4-1\times3=29$ cm
図 2 より，のり付けして重なった部分の面積は，「十字」に重なった部分に注意して，$(29\times1)\times2+(13\times1)\times3-6=91$ cm²

図 2

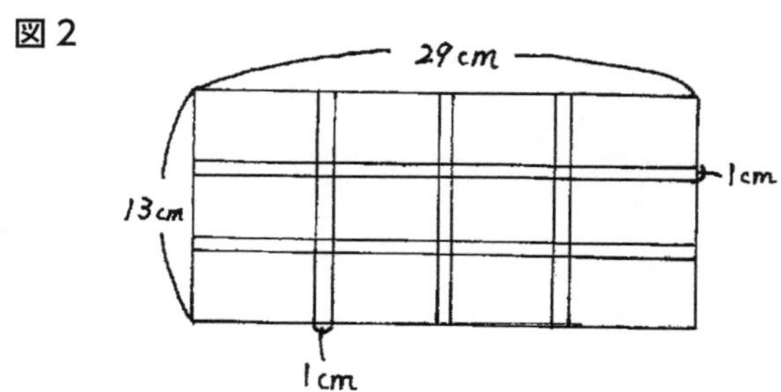

(3) 下方向にAを m 枚，（ア）でつなぐと，1 cmののりしろは（$m-1$）ヶ所できますから，長方形Bの縦の長さは，$5m-(m-1)=4m+1$（cm）です。
右方向にはBを（$m+4$）枚，（イ）でつなぎますから，長方形Cの横の長さは，$8(m+4)=8m+32$（cm）です。（図 3）

図３

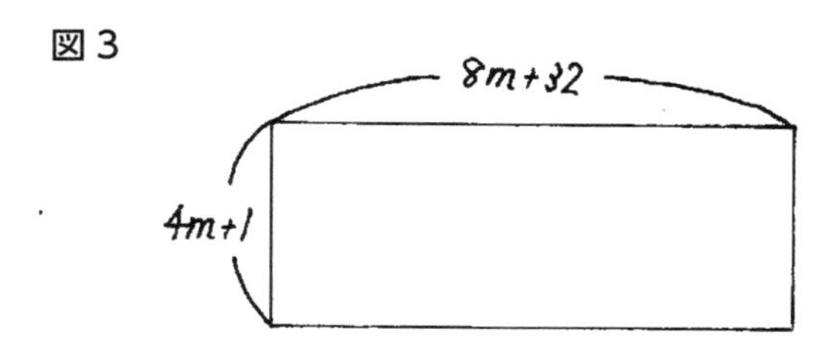

(4) 長方形Cが正方形になるとき，1辺の長さが最も短くなるのはすべて（ア）でつないだ場合，最も長くなるのはすべて（イ）でつないだ場合です。

縦の長さは，$m = 1$のとき5㎝。$m = 2$のとき，（ア）でつなぐと，$5 \times 2 - 1 = 9$㎝，（イ）でつなぐと，$5 \times 2 = 10$㎝。

$m = 3$のとき，すべて（ア）でつなぐと，$5 \times 3 - 1 \times 2 = 13$㎝。1つ（ア）でつなぐと，$5 \times 3 - 1 = 14$㎝。すべて（イ）でつなぐと，$5 \times 3 = 15$㎝。

同様に考えていきますと，$m = 4$のとき，最短は$5 \times 4 - 1 \times 3 = 17$㎝。最長は$5 \times 4 = 20$㎝。$m = 5$のとき，最短は$5 \times 5 - 1 \times 4 = 21$㎝。最長は$5 \times 5 = 25$㎝。

横の長さも同じように，$n = 1$のとき8㎝。$n = 2$のとき，$8 \times 2 - 1 = 15$㎝，または$8 \times 2 = 16$㎝。$n = 3$のとき，最短は$8 \times 3 - 1 \times 2 = 22$㎝，最長は$8 \times 3 = 24$㎝。

すると，縦の長さは短い順に，5㎝，9㎝，10㎝，13㎝，14㎝，**15㎝**，17㎝，18㎝，19㎝，20㎝，21㎝，**22㎝**，**23㎝**，24㎝，25㎝，…。

横の長さは短い順に，8㎝，**15㎝**，16㎝，**22㎝**，**23㎝**，24㎝，…となります。

したがって，Cが正方形になるときの1辺の長さは，短い方から，15㎝，22㎝，23㎝です。

42

問題 75p. 参照

【解答】（1）①$n = 5$　②６個　（2）１辺の長さが１cmのすべての正方形の個数は $3a^2$ 個。ＡＣが通る正方形の個数は $3a$ 個。したがって，$3a^2 - 3a = 168$　$a^2 - a - 56 = 0$　$(a + 7)(a - 8) = 0$　$a = -7, 8$　a は正の整数だから，$a = 8$

【解説】（1）①，② 図１のようになります。

図１

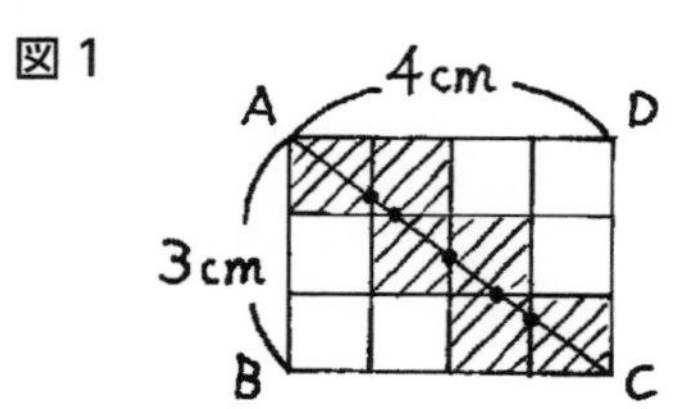

（2）$b = 3a$ のとき，ＡＢ：ＡＤ＝a：$3a$＝１：３となりますから，対角線は，縦１cm，横３cmの長方形の頂点を通ることがわかりますか？（図２）

図２

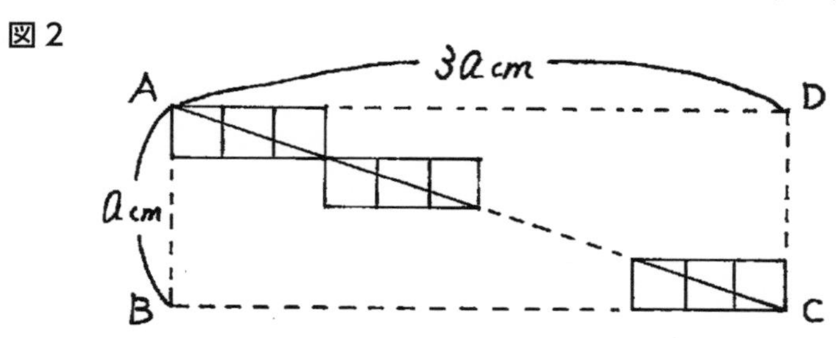

１辺１cmの正方形は全部で $a \times 3a = 3a^2$ 個。

ACが通る正方形は，縦１cm，横３cmの長方形の中に３個あり（図３），この縦１cm，横３cmの長方形は横方向に a 個並びますから，全部で $3 \times a = 3a$ 個。

図３

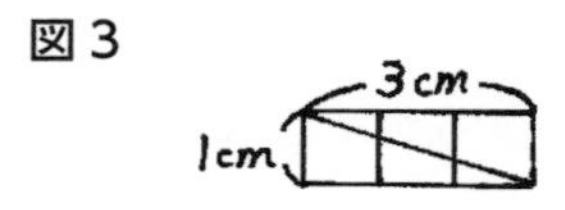

したがって，$3a^2 - 3a = 168$ が成り立ちます。これを解くと，a は正の整数ですから，$a = 8$

43 問題 76p. 参照

【解答】（1）① 32 個　② 120 cm　（2）横の列の数を x とすると，縦の段の数は（x ＋ 2）と表すことができる。（x ＋ 1）（x ＋ 3）＋ x（x ＋ 2）＝ 111 より，$x^2 + 3x - 54 = 0$　（x ＋ 9）（x − 6）＝ 0　x は正の整数だから，$x = 6$　（3）7 段 4 列の図形

【解説】（1）① 交点は縦に 4 個，横に 5 個並びますから，4 × 5 ＝ 20 個。

また，斜めの線分について，図 1 の長方形 1 つにつき交点が 1 つありますから，3 × 4 ＝ 12 個。したがって，全部で 20 ＋ 12 ＝ 32 個。

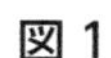

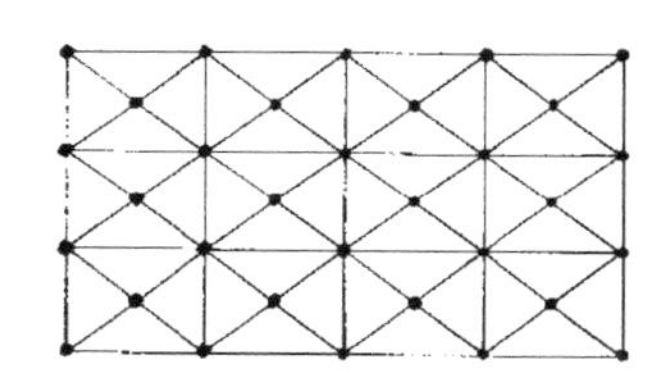

ちなみに「a 段 b 列の図形」にある交点の数を，a，b を用いて表せますか？

縦横について，交点は縦に（a ＋ 1）個，横に（b ＋ 1）個並びますから，（a ＋ 1）（b ＋ 1）個ですね。また，斜めの線分の交点は，図 1 の長方形の数と同じだけありますから，$a \times b = ab$ 個。したがって，全部で（a ＋ 1）（b ＋ 1）＋ ab ＝ $2ab + a + b + 1$ 個となります。

② 斜めの線分は，図 1 の長方形 1 つにつき 2 本ありますから，全部で 3 × 4 × 2 ＝ 24 本。斜めの線分は 1 本 5 cm なので，長さの合計は 5 × 24 ＝ 120 cm とわかります。

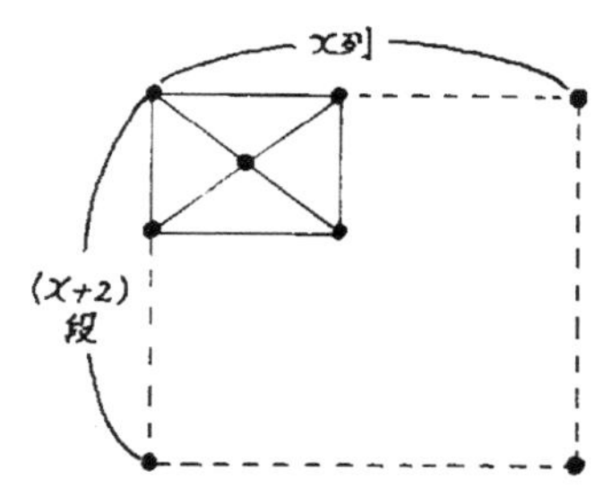

（2）横の列の数を x とすると，縦の段の数は $x + 2$ ですね。

すると，交点は縦に（x ＋ 2）＋ 1 ＝（x ＋ 3）個，横に（x ＋ 1）個並びますから，合計で（x ＋ 3）（x ＋ 1）個。また，斜めの線分の

交点は $(x+2)\times x = x(x+2)$ 個。
したがって，$(x+1)(x+3)+x(x+2)=111$ が成り立ちます。
これを解くと，x は正の整数ですから，$x=6$

(3) 求める図形を「a 段 b 列の図形」とします。斜めの線分の長さの合計が 280 cm ということから，図１の長方形がいくつあるかがわかりますね。
長方形１個につき斜めの線分は２本（10 cm）ありますから，長方形の数は，
$280\div 10=28$ 個です。
「a 段 b 列の図形」には縦に a 個，横に b 個の長方形が並びますから，ab 個の長方形があります。よって，$ab=28$ を満たす a, b の組み合わせを (a, b) で表すと，$(a, b)=(1, 28)(2, 14)(4, 7)(7, 4)(14, 2)(28, 1)$ の６通りあり，この中から線分の長さの合計が最も小さくなる組み合わせを考えればよいことになります。
線分の長さの合計が最も小さくなるのは，$a+b$ の値が最も小さく，$a>b$ のときですから $a=7$, $b=4$ とわかります。したがって，７段４列。
もちろん，それぞれの場合の線分の長さの合計を一つ一つ計算しても求めることもできます。
$(a, b)=(1, 28)$ のとき，$(3\times 1+4\times 28)\times 2=230$ cm
$=(2, 14)$ のとき，$(3\times 2+4\times 14)\times 2=124$ cm
$=(4, 7)$ のとき，$(3\times 4+4\times 7)\times 2=80$ cm
$=(7, 4)$ のとき，$(3\times 7+4\times 4)\times 2=74$ cm
$=(14, 2)$ のとき，$(3\times 14+4\times 2)\times 2=100$ cm
$=(28, 1)$ のとき，$(3\times 28+4\times 1)\times 2=176$ cm

問題 77p. 参照

【解答】（1）17 枚　（2）8 通り　（3）① n 番目の正方形には，A を n^2 枚，B を $(4n+1)$ 枚用いるので，$n^2+4n+1=61$　$n^2+4n-60=0$

$(n+10)(n-6)=0$　$n=-10,\ 6$　n は自然数だから，$n=6$

② $m=22$

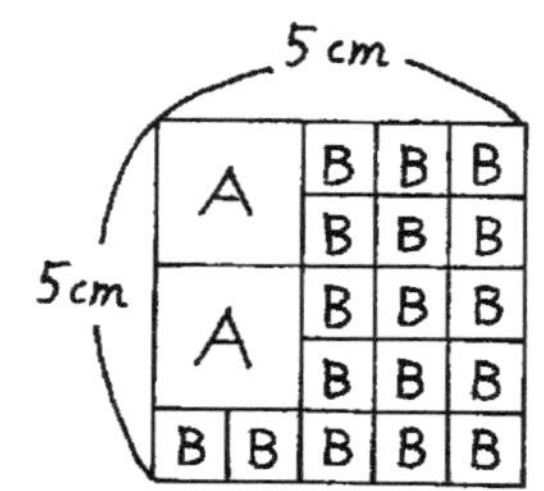

【解説】（1）図を描けば 17 枚とわかりますが，
1 辺 5 cm の正方形の面積は，$5\times5=25$ cm²。
A 2 枚の面積は $(2\times2)\times2=8$ cm²。よって，
残りは，$25-8=17$ cm²。B 1 枚の面積は 1 cm²
ですから，$17\div1=17$（枚）とも考えられます。

（2）A を x 枚，B を y 枚用いて，1 辺 6 cm の正方形をつくるとき，面積について，$4x+y=36$ が成り立ちますね。すると，これを満たす x と y の組み合わせは下の表のように，8 通りあることがわかります。

x	1	2	3	4	5	6	7	8
y	32	28	24	20	16	12	8	4

（3）①　n 番目の正方形の 1 辺の長さ（a）は何 cm でしょうか。
1 番目…3 cm，2 番目…5 cm，3 番目…7 cm，……ですから，n 番目…$2n+1$ cm ですね。すると，A は縦，横にそれぞれ n 枚並びますから，n^2 枚。B は $2n\times2=4n+1$ 枚。よって，$n^2+4n+1=61$ が成り立ちます。
これを解くと，$n=-10,\ 6$　　n は自然数ですから，$n=6$ となります。

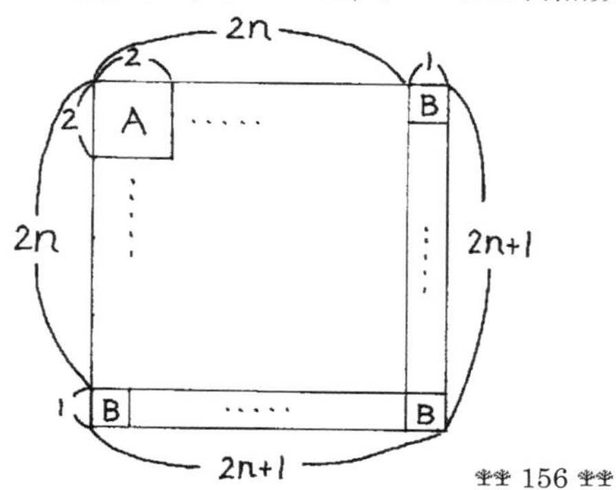

② まず，m 番目の正方形の 1 辺の長さは，①と同様に考えて，$2m+1$ cm です。

さて，m 番目の正方形を縦，横に並べて，縦 180 cm，横 270 cm の正方形をつくりますから，正方形の 1 辺の長さは 180 と 270 の公約数になりますね。（90，45，30…）

では，1 辺の長さが長い順に調べていきましょう。

1 辺 90 cm のとき，$2m+1=90$ より，$m=\frac{89}{2}$ となり不適。

1 辺 45 cm のとき，$2m+1=45$ より，$m=22$　これは題意に適します。

したがって，$m=22$

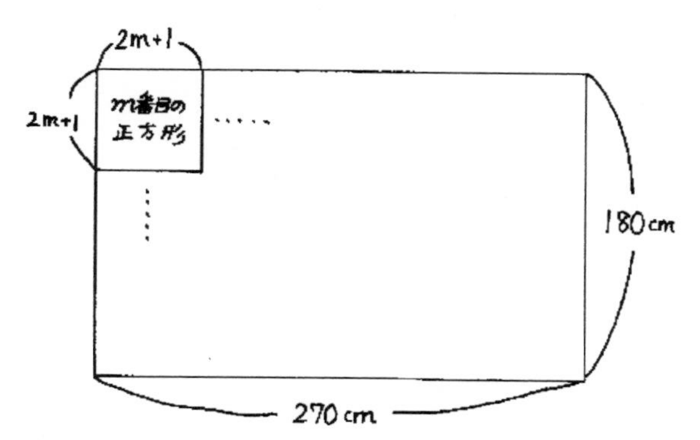

別の考え方としては，そもそも $2m+1$ は奇数を表しますから，「180 と 270 の公約数のうち，最も大きい奇数の公約数は何か？」と考えてもいいですね。

$\boxed{45}$ 問題 79p. 参照

【解答】（1）① $\frac{1}{5}$　②（例）$\boxed{1}$と$\boxed{10}$　（2）① $4n + 2 = 30$　$n = 7$　② $n = 2,\ 6$

【解説】（1）① カードを 1 枚だけひくとき，カードのひき方は 10 通りです。

4 枚のメダルが黒になるのは，下の図のように，$\boxed{4}$か$\boxed{6}$をひくときですから 2 通り。したがって確率は，$\frac{2}{10} = \frac{1}{5}$ となります。

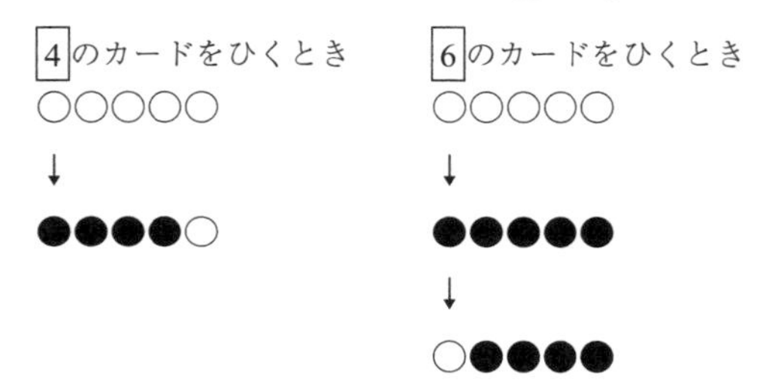

② カードを 2 枚ひいて，図 4 のようになるには，2 枚のカードの和がいくつのときかを考えましょう。

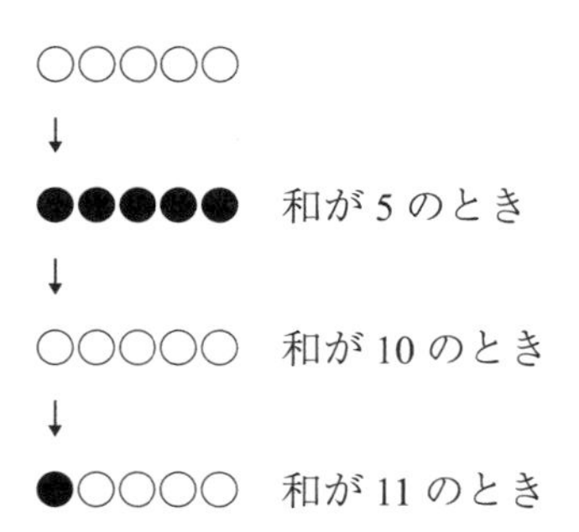

カードを 2 枚ひいたときの和は，3 以上（$\boxed{1}$と$\boxed{2}$の場合）19 以下（$\boxed{9}$と$\boxed{10}$の場合）ですから，上の図のように，和が 11 のときとわかります。
すると，考えられる組み合わせは，$\boxed{1}$と$\boxed{10}$，$\boxed{2}$と$\boxed{9}$，$\boxed{3}$と$\boxed{8}$，$\boxed{4}$と$\boxed{7}$，$\boxed{5}$と$\boxed{6}$のいずれかになります。

(2) ① Aさんはメダルを10枚持っており，右端のメダルを白から黒に２度目に裏返したところで【操作】が終了したということから，カードの数の和を求めることができますね。

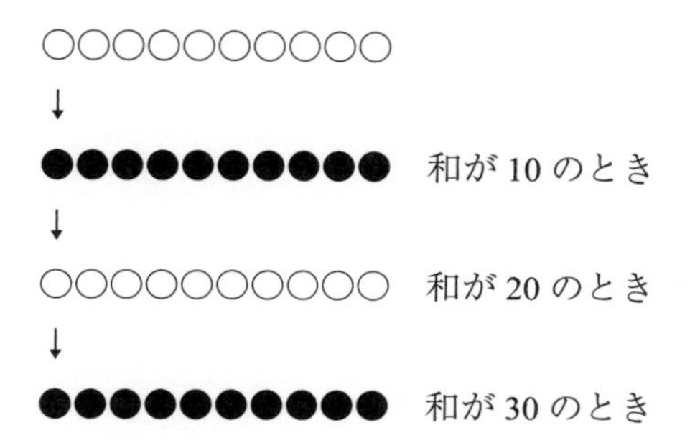

図のようになりますから，目の和は30のときとわかります。

一方，Bさんについて，左から２番目のメダルを白から黒に３度目に裏返したときのカードの数の和は下の図のように，$4n + 2$ と表せます。

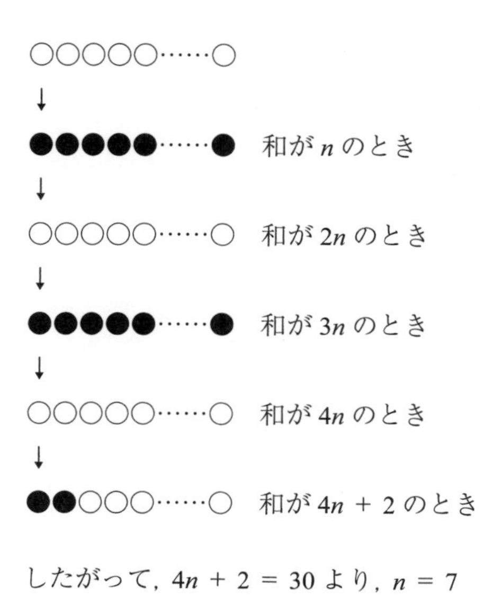

したがって，$4n + 2 = 30$ より，$n = 7$

② まず，$\boxed{1}$から$\boxed{10}$までのすべてのカードをひいた場合，その和は，$1 + 2 + 3 + \cdots 10 = 55$ですから，メダルは最大55枚まで裏返せることがわかります。

次に，カードの数の和について，Aさんのすべてのメダルが黒になるのは，10，30，50，……のときです。Bさんのすべてのメダルが黒になるのは，n，$3n$，$5n$，$7n$，$9n$，$11n$，$13n$，$15n$，……のときです。

nは10より小さい自然数であることに注意すると，AさんBさんともにすべてのメダルが黒になるときの条件を満たすのは，$5n = 10$のとき$n = 2$，$5n = 30$のとき$n = 6$，$15n = 30$のとき$n = 2$，$25n = 50$のとき$n = 2$の4通り。したがって，$n = 2，6$

46

問題81p.参照

【解答】（1）

2	3	2
1	3	1

（2）98回

（3）①長方形の紙に，1は$x+19$回，2は$2x$回，3は$x+19$回記録されるので，$1\times(x+19)+2\times 2x+3\times(x+19)=124$より，$x=6$

②ア…19，イ…2

【解説】（1）向かい合う面には同じ数が書かれていますから，長方形の紙に記録される数は，立方体の上の面の数と同じです。

（2）$a=99$，$b=101$のとき，下の図のように記録されます。2が記録されるのは縦方向のみです。縦方向には，1，2，1，2，…と数が記録されますから，縦1列につき，2が記録される回数は，$99\div 2=49$あまり1より，49回。縦は左右の2列ありますから，全部で$49\times 2=98$（回）となります。

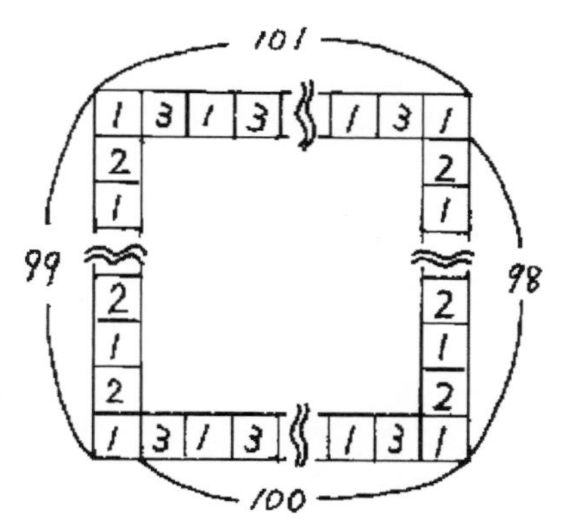

（3）① 1，2，3がそれぞれ記録される回数を考えてみましょう。

1は，$(x+1)+10\times 2-2=x+19$回

2は，$x\times 2=2x$回

3は，$(x+1)+10\times 2-2=x+19$回

すると，記録された数の和について，

$1\times(x+19)+2\times 2x+3\times(x+19)=124$

が成り立ちます。これを解いて，$x=6$

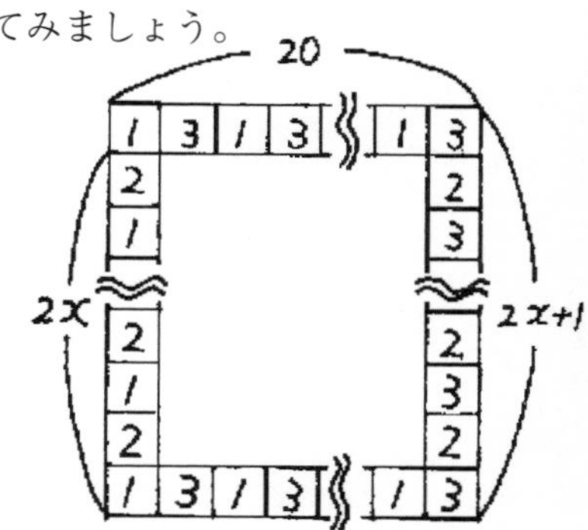

② まず，イについて考えてみます。

bが同じ値の場合，和が等しくなるためには，aが1や3のような奇数であることはあり得ませんね。したがって，aは5よりも小さい偶数だと考えられます。つまり，$a = 2$または$a = 4$のときです。

では，まずは$a = 2$のとき。bを7でない奇数として$2y + 1$（yは自然数）と表しますと，$a = 5$のときとの和の違いは，下の図のように考えられます。

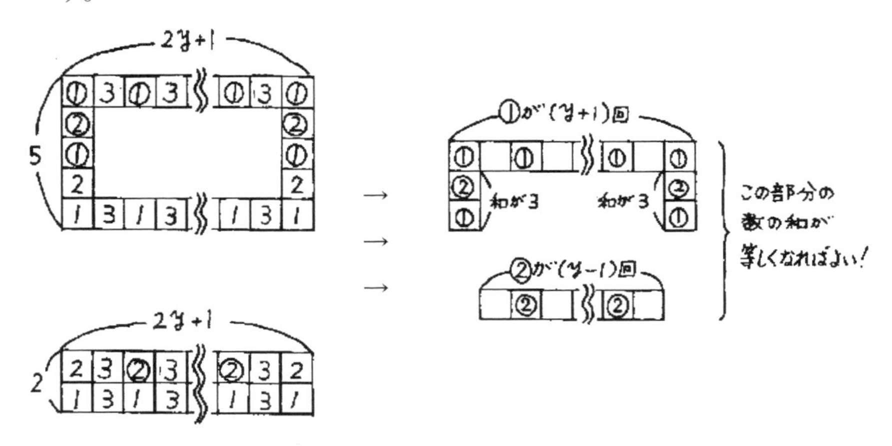

したがって，$1 \times (y + 1) + 3 \times 2 = 2 \times (y - 1)$が成り立ちます。これを解いて，$y = 9$　よって，$b = 2 \times 9 + 1 = 19$　このとき，$a = 2$，$b = 19$となり，これは題意に適します。（ア…19，イ…2）

次に，$a = 4$のとき。$a = 5$のときとの和の違いは下の図のように考えられます。

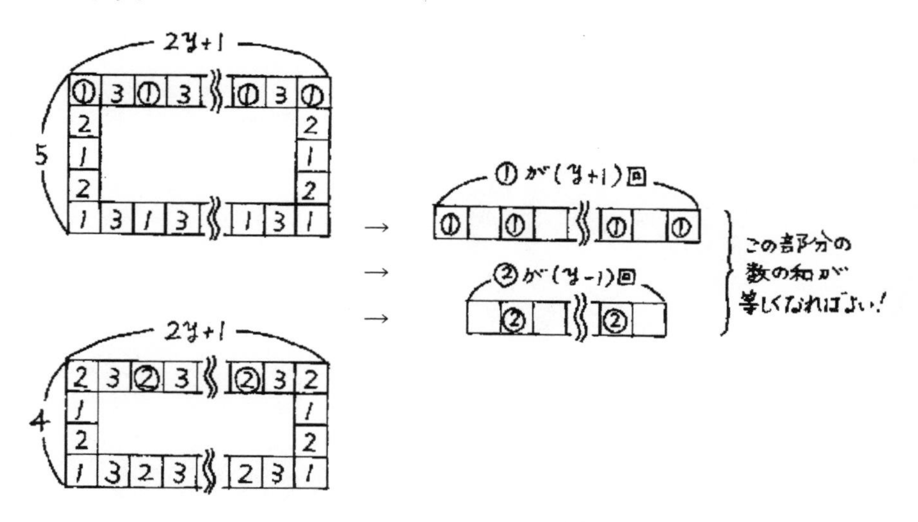

したがって，$1 \times (y + 1) = 2 \times (y - 1)$ が成り立ちます。これを解いて，
$y = 3$
よって，$b = 2 \times 3 + 1 = 7$　このとき，$a = 4$，$b = 7$となり，これはbが7でない奇数という条件に反しますから，解として適しません。

47

問題 82p. 参照

【解答】（1）① 6 個　② $8\sqrt{2}$ cm　（2）$x + y = 10$…①，$2(x-1) + 3y + 4 = 26$ より，$2x + 3y = 24$…②　①，②より，$x = 6$，$y = 4$　A…6 枚，B…4 枚

【解説】（1）① 下の図の通り。

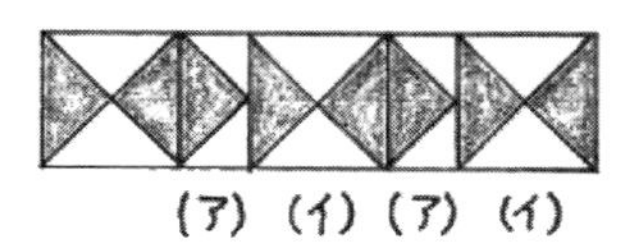

② 正方形の 1 辺の長さは，直角二等辺三角形の辺の比　$1:1:\sqrt{2}$ より，$\sqrt{2}$cmとわかります。

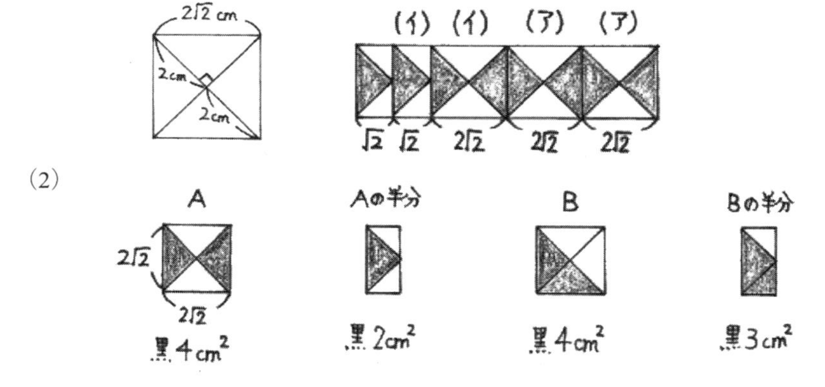

まずは枚数について。

AとBを 10 枚用いますから，$x + y = 10$…①

次に面積について。

2 枚目から 10 枚目まですべて（イ）で置きますから，1 枚目から 9 枚目まではAの半分，またはBの半分が並びます。

Aの半分の面積は 2 ㎠で，これが 10 枚目を除いた $(x-1)$ 枚，

Bの半分の面積は 3 ㎠で y 枚，最後の 10 枚目のAは 4 ㎠ですから，

$2(x-1) + 3y + 4 = 26$ が成り立ちますから，$2x + 3y = 24$…②

①，②の連立方程式を解いて，$x = 6$，$y = 4$

48

問題 83p. 参照

【解答】（1）A…4 枚　B…4 枚　（2）$\frac{3}{8}$

（3）$m+n=30$…①　$2m+3+4(n-1)=85$ より　$m+2n=43$…②

①，②より $m=17$，$n=13$

【解説】（1）

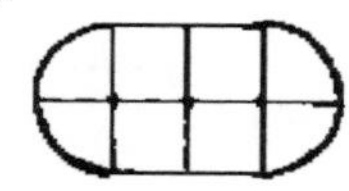

（2）硬貨を 4 回投げるとき，表と裏の出方は，$2\times2\times2\times2=16$ 通り。

点Ｐにあった円の中心が点Ｑに移動するには，右に 2 cm，上に 4 cm 移動すればよいですから，表が 2 回，裏が 2 回出ればよいとわかります。

表が 2 回，裏が 2 回の出方を，1 回目～ 4 回目の順に並べて書くと，

表表裏裏，表裏表裏，表裏裏表，裏表表裏，裏表裏表，裏裏表表，の 6 通り。

したがって，確率は $\frac{6}{16}=\frac{3}{8}$

（3）まず，（Ⅰ）を連続して m 回，（Ⅱ）を連続して n 回，あわせて 30 回操作したことから，$m+n=30$…①

次に，シールＢについて考えてみます。

$m=1$ のとき，シールＢは 2 枚。$m=2$ のとき，シールＢは 4 枚となりますから，（Ⅰ）を連続して m 回行うと，シールＢは $2m$ 枚必要になります。

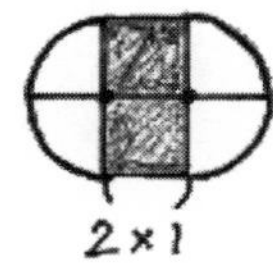

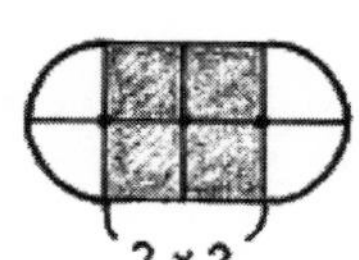

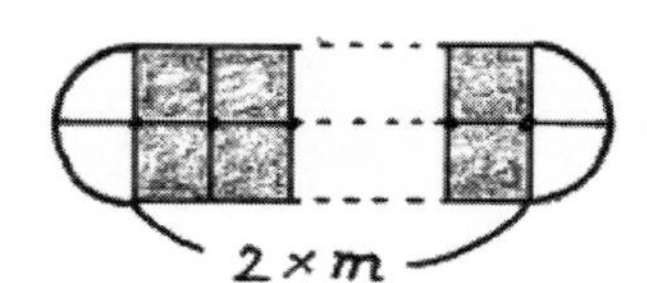

また，$n=1$ のとき，シールＢは 3 枚。$n=2$ のとき，$3+4\times1=7$ 枚。

$n=3$ のとき，$3+4\times2=11$ 枚。

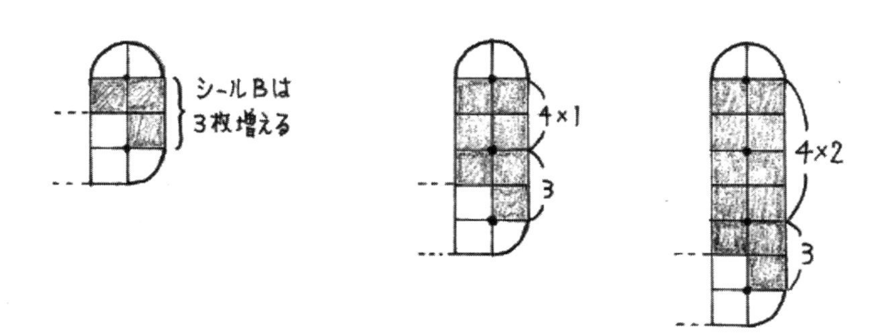

このように，（Ⅱ）を連続してn回行うと，シールBは$3 + 4 \times (n - 1)$枚必要になります。

したがって，シールBの枚数について，$2m + 3 + 4(n - 1) = 85$より，

$m + 2n = 43$…②　が成り立ちます。

①，②の連立方程式を解いて，$m = 17$，$n = 13$

49

問題 84p. 参照

【解答】（1）3 個　（2）6 通り　（3）① $9n-6$ 個　② $5a^2+1=246$ より，
$a^2=49$　$a>0$ だから $a=7$

【解説】（1）右の図のようになります。

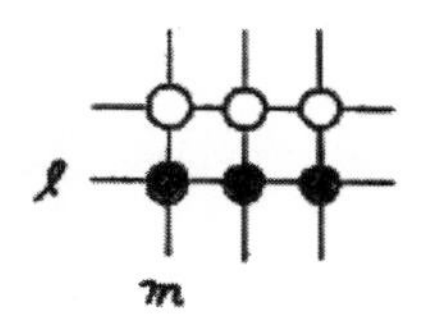

（2）横線 2 本，縦線 2 本のひき方は，①横横縦縦，②横縦横縦，③横縦縦横，④縦横縦横，⑤縦横横縦，⑥縦縦横横，の 6 通り。

①

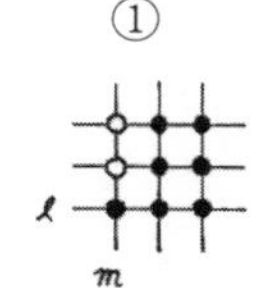

②

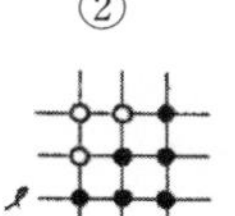

③

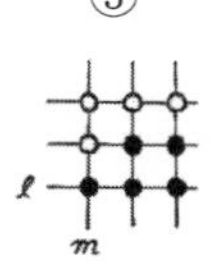

④

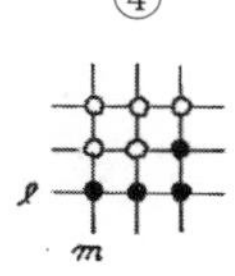

⑤

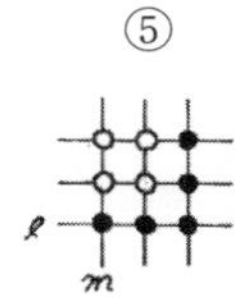

⑥

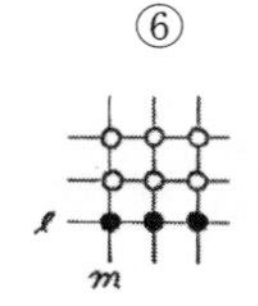

（3）①操作Ａを 1 回行うと，新たに置かれた白の碁石は 3 個。これは，すでにひいてあった縦線 1 本のところに横線を 3 本ひきますから，白の碁石は $1\times3=3$ 個になるわけです。

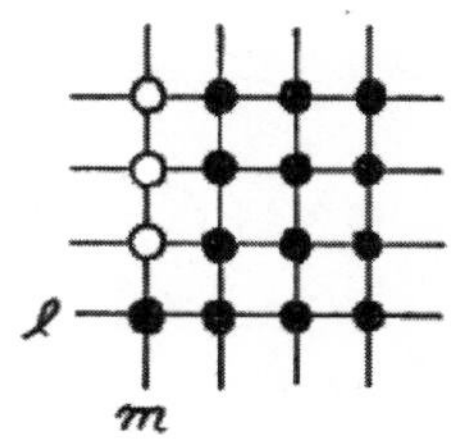

操作Aを2回行うと，新たに置かれた白の碁石は12個。これは，すでにひいてあった縦線4本のところに横線を3本ひきますから，白の碁石は$4 \times 3 = 12$個になります。

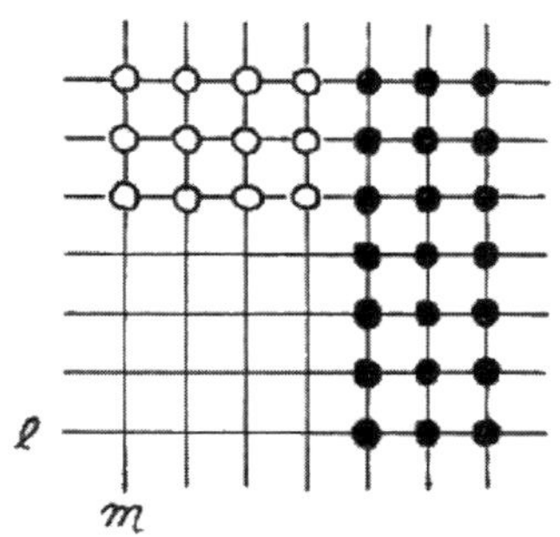

すると，操作Aをn回くり返すとき，n回目の操作の前に，縦線が何本ひいてあったかがわかれば，白の碁石の個数も求められます。
縦線の本数は，1本→4本→7本…と増えていきますから，n回目の操作の前には，$1 + 3 \times (n - 1) = 3n - 2$本あります。したがって，白の碁石は，
$(3n - 2) \times 3 = 9n - 6$個とわかります。

② 例えば，$a = 2$で，操作Aを1回行うときを考えますと，図1で置いた黒の碁石もふくめて，黒の方が$1 + 2^2$個多いことがわかります。

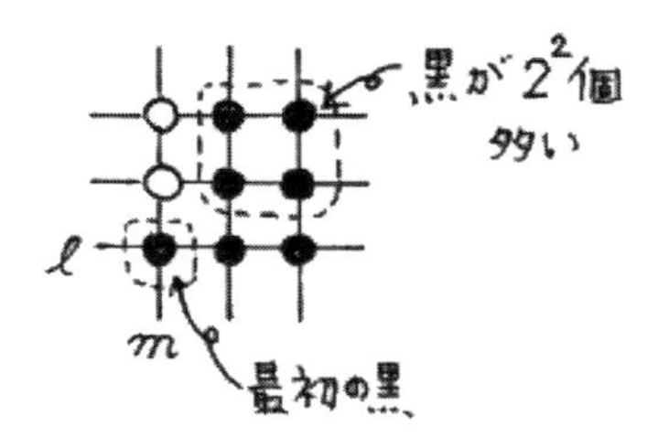

同じく，$a = 2$で，操作Aを2回行ったときを考えますと，黒の方が
$1 + 2^2 \times 2$個多いことがわかります。

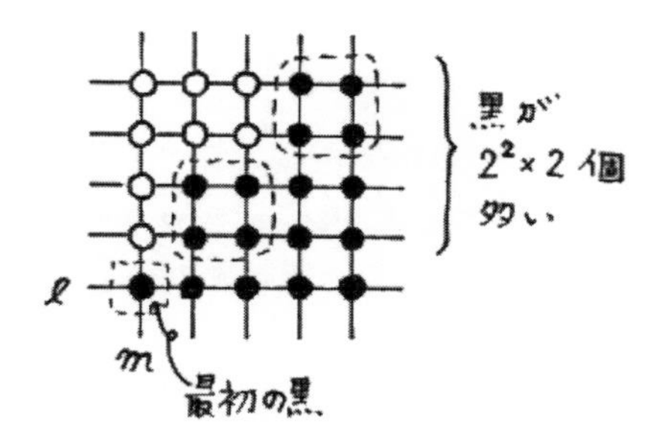

すると，$a = 2$ で，操作Aを５回行ったときは，黒の方が $1 + 2^2 \times 5$ 個多いですね。

これと同様に考えますと，横線を連続して a 本ひき，次の縦線を連続して a 本ひく操作Aを５回くり返し行ったとき，黒の方が $1 + a^2 \times 5 = 5a^2 + 1$ 個多いことがわかります。したがって，$5a^2 + 1 = 246$ が成り立ちますから，

$a^2 = 49$，$a > 0$ より $a = 7$

50 問題 85p. 参照

【解答】(1) 10 枚　(2) 98

(3) 円盤に書かれた数の合計について，$2 \times 4 + 3 \times 4(x - 2) + 4 \times (x - 2)^2 = 440$ が成り立つから，$4x^2 - 4x = 440$，　$x^2 - x - 110 = 0$，$(x + 10)(x - 11) = 0$，$x = -10$，$x = 11$，x は 3 以上の整数だから，$x = 11$

(4) ①= 13，②= 15，③= 168

【解説】(1) 実際に図を描いてみるのがよいでしょう。すると，下の図のようになりますね。

②③③③②
③④④④③
③④④④③
②③③③②

(2) これも実際に図を描いて考えましょう。

②③③③③②
③④④④④③
③④④④④③
③④④④④③
②③③③③②

②の円盤は 4 角にありますから，その数の合計は，$2 \times 4 = 8$ です。

③の円盤は 4 角を除く長方形状の図形の一番外側にあります。③が縦に 3 枚並ぶ列が左右に 2 列と，③が横に 4 枚並ぶ列が上下に 2 列ありますから，その数の合計は，$3 \times 3 \times 2 + 3 \times 4 \times 2 = 42$ です。

④の円盤は長方形状の図形の内側に，縦 $3 \times$ 横 $4 = 12$ 枚ありますから，その数の合計は，$4 \times 12 = 48$ です。

したがって，円盤に書かれた数の合計は，$8 + 42 + 48 = 98$ となります。

(3) これは縦横にそれぞれ x 枚の円盤を正方形状に並べた場合ですから，(2)のように，②，③，④の円盤に書かれた数の合計がそれぞれいくつになるのかを，x を用いた文字式に表して考えてみましょう。

②の円盤は４角にありますから，その数の合計は，$2 \times 4 = 8$ です。

③の円盤は４角を除く正方形状の図形の一番外側にあります。円盤が縦横にそれぞれ x 枚並ぶとき，４角には②の円盤が並ぶわけですから，③の円盤は正方形状の図形の一番外側の縦横にそれぞれ $(x - 2)$ 枚ずつ並びますね。よって，③の円盤が $(x - 2)$ 枚並ぶ列は，正方形状の図形の一番外側に上下左右の全部で４列ありますから，その数の合計は，$3 \times 4(x - 2)$ と表せます。

④の円盤は正方形状の図形の内側に，縦横それぞれ $(x - 2)$ 枚の正方形状に並びますから，$(x - 2) \times (x - 2) = (x - 2)^2$ 枚あるわけです。よって，その数の合計は，$4(x - 2)^2$ と表すことができます。

したがって，円盤に書かれた数の合計が 440 であることから，
$8 + 3 \times 4(x - 2) + 4(x - 2)^2 = 440$ を解けばよいことがわかります。

(4) 縦に $(a + 1)$ 枚，横に $(b + 1)$ 枚の円盤を図１のように並べる場合です。このとき，４つの角にある円盤の中心を結んでできる長方形の縦や横の長さを考えてみましょう。
縦に円盤が $(a + 1)$ 枚並ぶとき，②の円盤が上下の角に並びますから，③の円盤は縦に $(a - 1)$ 枚並びますよね。円盤の半径は１㎝，直径は２㎝ですから，このときの長方形の縦の長さは，$1 \times 2 + 2(a - 1) = 2a$ ㎝と表せます。
一方，横に円盤が $(b + 1)$ 枚並ぶとき，②の円盤が左右の角に並びますから，③の円盤は横に $(b - 1)$ 枚並びますね。よって，このときの長方形の横の長さは，$1 \times 2 + 2(b - 1) = 2b$ ㎝と表せます。

長方形の面積が780 ㎠となるとき，$2a \times 2b = 780$ が成り立ちますから，これを解くと，$ab = 195$ となります。
ここで，問題の条件（a，b は2以上の整数で，$a < b$ とする）に注意しつつ，$ab = 195$ に当てはまる a，b を考えてみましょう。
$195 = 3 \times 5 \times 13$ ですから，これらの条件に当てはまる a，b の組み合わせは，（i）$a = 3$，$b = 65$（ii）$a = 5$，$b = 39$　（iii）$a = 13$，$b = 15$　の3通りあることがわかります。
では，この3通りの中で，4が書かれた円盤の枚数が最も多くなるのはどの場合なのでしょう。実際に計算してみますと，
（i）の場合，4が書かれた円盤の枚数は，$2 \times 64 = 128$ 枚
（ii）の場合，$4 \times 38 = 152$ 枚
（iii）の場合，$12 \times 14 = 168$ 枚
したがって，4が書かれた円盤の枚数が最も多くなるのは，（iii）$a = 13$，$b = 15$ のときですから，解答としては，①$= 13$，②$= 15$，③168となります。

索 引

演習編の各問題を解く際に使う主な考え方について，種類別に問題番号を分類してみました。問題を種類別に演習する際に役立ててください。

あとがき

「規則性の問題」ばかりをこれだけやってみますと，「規則性の問題」自体にもある程度の規則があることがはっきりと見えてきたのではないでしょうか。「あ，またこのパターンだ！」というのがわかり，答えまでの道筋がパッと頭の中に見えるようになれば本物です。

しかし，どんなに優秀な人でも，一度で完璧になるということはありません。繰り返し勉強することで力がつき，力がつくことでまた繰り返し勉強できる領域が増える。領域というのは広さだけではなく，深さの領域でもあります。勉強とは，その繰り返しではないでしょうか。本書を最後までやり遂げたみなさんが，反復によってさらなる力を身につけていかれることを願っています。

最後になりますが，本書の出版に尽力していただきましたエール出版社のみなさまに，この場を借りまして心より感謝いたします。

◆著者プロフィール◆

若杉朋哉（わかすぎ　ともや）

1975 年，東京生まれ。埼玉県立浦和高等学校，慶應義塾大学文学部卒。

著書に『中学受験国語　記述問題の徹底攻略』
『中学受験国語　記述問題の徹底攻略　基礎演習編』
『中学受験国語　記述問題の徹底攻略　発展編』
『中学受験国語　選択肢問題の徹底攻略』
（以上、エール出版社刊）。

高校入試数学
すごくわかりやすい
規則性の問題の徹底攻略　改訂新版

2018 年 9 月 20 日　初版第 1 刷発行
2020 年 5 月 6 日　改訂版第 1 刷発行
2022 年 2 月 17 日　改訂版第 2 刷発行

著　者　若杉朋哉
編集人　清水智則　　発行所　エール出版社
〒 101-0052　東京都千代田区神田小川町 2-12　信愛ビル 4 F
電話　03(3291)0306　　FAX　03(3291)0310
メール　edit@yell-books.com

＊乱丁・落丁本はおとりかえします。

＊定価はカバーに表示してあります。

ISBN978-4-7539-3477-5

おもしろいほど
成績が上がる中学生の
「間違い直し勉強法」

塾生の9割が成績アップした秘訣を公開
たった3つ！「間違い直し勉強法」の基本ルール
誰でもできる超簡単「記憶術」

1章　「間違い直し勉強法」でこれだけ成績がアップ
2章　やってはいけない間違った勉強の仕方ワースト10
何回も何回も書き取りしてはいけない
いきなりまとめノートを書いてはいけない　他
3章　たった3つ「間違い直し勉強法」の基本ルール
問題集を「読む」／問題集を「解く」／問題集を「直す」
4章　どうして成績がそんなに上がるの？よくわかる学習心理学
記憶は、覚える、覚えている、思い出す
人は20分で多くのことを忘れている
5章　だれでもできる簡単“記憶術”
頭文字暗記法／呪文暗記法／丸つけ暗記法／イメージ連想法／マインドマップ記憶法／リズム暗記法
6章　実際に問題を解いてみよう（数学編）
7章　実際に問題を解いてみよう（英語編）
8章　実際に問題を解いてみよう（国語編）
9章　実際に問題を解いてみよう（理科・社会編）
10章　こんな勉強の工夫もある
11章　塾選び・教材選びに困ったら
12章　進路選びと受験生としての心構え

増補改訂版

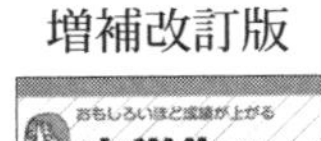

ISBN978-4-7539-3452-2

伊藤敏雄・著

●本体1500円（税別）